你一定爱读的
古怪科学

王海山◎编著

U0222352

天津出版传媒集团

天津科学技术出版社

图书在版编目（CIP）数据

你一定爱读的古怪科学 / 王海山编著. -- 天津：

天津科学技术出版社, 2019.4

ISBN 978-7-5576-6154-0

Ⅰ.①你… Ⅱ.①王… Ⅲ.①自然科学－普及读物

Ⅳ.①N49

中国版本图书馆CIP数据核字（2019）第050918号

你一定爱读的古怪科学

NI YIDING AIDU DE GUGUAI KEXUE

责任编辑：方　艳

助理编辑：马妍吉

出　　　版：天津出版传媒集团
　　　　　　天津科学技术出版社

地　　　址：天津市西康路 35 号

邮政编码：300051

电　　　话：（022）23332695

网　　　址：www.tjkjcbs.com.cn

发　　　行：新华书店经销

印　　　刷：三河市金元印装有限公司

开本 787×1092　1/16　印张 19　字数 220 000

2019 年 4 月第 1 版第 1 次印刷

定价：49.80元

前　言

我们的胃里装满了以盐酸为主的胃液，它具有强烈的腐蚀性，可以溶解活泼金属，还可以溶解掉骨头里面的碳酸钙。可是，为什么我们的身体没有被它溶解？

"胖到没朋友"，很多朋友以为只是一句玩笑话，可是当有人告诉你"肥胖会传染"竟然是有科学依据的，你还能笑得出来吗？你会不会担心因为发胖身边的朋友怕被你传染离你而去？

为什么女孩子在一起手拉手会觉得好可爱，但是两个小伙子手拉手却能让人鸡皮疙瘩掉一地？

蹲着排便和坐着排便，哪个会更健康一些？这场厕所里的争论最终谁能胜出？

满身尖刺的刺猬是怎么恋爱的？情投意合的刺猬情侣在甜蜜一刻的时候又会不会被对方的尖刺扎伤呢？

"有屁不放，憋坏心脏；没屁硬挤，憋坏身体。"这个貌似有些不雅的话题，总是让我们难以启齿。当我们在为硬憋回去的屁而忧心忡忡的时候，我们又该向谁请教？

为什么黑皮肤、透明毛发的北极熊看起来跟冰雪是一个颜色？

我们吃到的很多可口的水果，竟然是它们自动愿意变好吃的，这些自愿被吃掉的水果到底是怎么想的？

打电话时信号差大点声管用吗？大声说话到底会不会更费电？

这些看似司空见惯，却又令人百思不得其解的稀奇古怪的科学，这本书里都有。比这些问题更具有吸引力的是这些问题背后的科学解释。有趣味、有深度和有逻辑就是本书的立场和出发点，但是好玩和脑洞并不是我们的终极目标。虽然这本书富有趣味性，但是更希望亲爱的读者们在感觉到有趣味和有深度的同时，还能体会到书中的逻辑性。没错，我们是讲究逻辑的。我们用逻辑来对抗"浅薄"，就是为了让人们不会因互联网变得不爱思考。

对抗浅薄，我们需要好玩、需要深度，更需要逻辑，这就是编写这本书的初衷。前文那些看起来很平常，说起来又比较有趣，认真一下又非常有道理的科学知识就是谜面。从衣食住行入手，直达科学殿堂。本书从人体、生活、动物、植物、内心、天文地理和身边科技这七个部分入手，讲了一些新奇好玩的事情，揭示的却都是科学的真相。在好玩和解密之后，跟读者一起品评探究这些真相的过程，进一步培养自己探究真相的兴趣，并在阅读的过程中强化深度思考和逻辑思维的能力。揭晓谜底的时候，我们已经走在对抗浅薄的路上了。所以，别只是把它当作一本好玩的故事书，也别把它当作可能增加你谈资的科普书，要把它当作一个对抗浅薄让自己变聪明的工具，这点很重要。

相较于只看重那些真相，仔细体会推理的过程和探究真相的精神，才是这本书的正确阅读方式。另外，我们的世界无比奇妙，我们的探究还远远不够，还有很多的未知等待着我们去发掘真相。这本书里面有不少还没有定论的知识，我们尽量采用主流的观点作为结论，就权当是抛砖引玉了，如果这些还没有定论的地方能够激起读者更深一步探究真相的愿望，那真是再好不过的事情了。

目　录

02 妙趣横生的生活，这些是你不知道的真相

05 神秘的内心世界，我们的心理竟如此复杂

06 神秘的天文之旅，打开我们的视野

07 日新月异的科技，再次刷新我们的认知

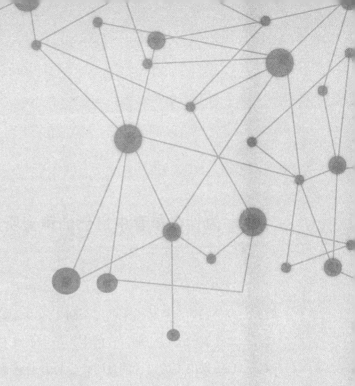

Chapter 01

人体大揭秘，
你真的了解自己吗

为什么录音中自己的声音听起来很陌生？

生活中总有一些这样的场景让人匪夷所思：每当我们在公共场合发言的时候总是会被话筒里传出来的那个陌生的声音吓一跳，如果不是话筒被抓在自己手里，真的会以为那声音的主人是一个毫不相干的陌生人。当我们回放微信里自己发出去的语音消息时，也总是会感觉怪怪的，忍不住怀疑是不是手机在录音的过程中把自己的声音变成了这个样子。这到底是谁惹的祸呢？

有些人觉得是嘴巴离耳朵太近了，我们平时听自己的声音都是嘴巴说给耳朵听，早就已经习惯了。而前面说到的情况声音是从话筒里传出来再被耳朵听到，所以当然会感觉怪怪的了。还有人猜这就是话筒和手机这些电子产品惹的祸，可能是在声波和电流之间转换的时候出现了某种问题。事情的真相到底是什么呢？

其实，我们之所以听话筒或者手机里自己的声音会感觉怪怪的，是因为我们平时听到的自己的声音与在录音里听到自己的声音的声波的传递通道不一样。

平时当你说话的时候，我们对自己的声音的感觉其实是一种混合效果。因为人说话时声音会沿着两条不同的途径传播：一条传播途径的介质是空气，声波通过空气传播进入我们的耳朵；另外一条传播途径则是通过骨传导，说话的时候声波的振动通过头骨和口腔的肌肉传播。通过空气传播的声音除了自己能够听到以外，还能被其他人听到。而通过骨传导的声音只有自己能听到。

我们的大脑对自己的声音的判断就是这两种传播途径混合的效果，而且是以骨传导为主。因为固体传播声音的本领比空气要好很多。通过空气传播的声音受环境影响比较大，声波会产生大量的衰减。而且空气传播的声音还要通过外耳、耳膜、中耳，最后进入内耳才能引起鼓膜的振动，这个过程也会对声音的能量和音色产生影响。但是通过骨传导的声音则是通过头部内的骨头直接到达内耳的，这个过程中声音的能量和音色的衰减要小得多。

当我们通过话筒或者录音来听自己的声音时，声音只能以空气为介质进行传播。这时候我们自然就会觉得这个声音跟以骨传导为主的声音相差很多。所以，我们会对录音里自己的声音感到陌生的根本原因不在于平时的习惯也不在于话筒或手机，而是由于同一种声音在两种情况下的传播介质不同。

左耳比右耳更敏感吗？

人的两个耳朵的大小、形状、位置基本相同，很多人觉得左耳与右耳的听力应该相同。但当我们认真辨别声音时，很多人只要听不清，会赶紧转头试试另一只耳朵能否听得清。这是因为人的左右耳灵敏程度不同。很多男生被提醒，追女生时要对其左耳说悄悄话，这样女生比较容易接受。难道左耳朵真的比右耳朵更加敏感吗？

现在的主流观点认为上面的这种说法是真的。现代科技发达，生理学家认真观察人的脑电图并从中发现，人的右脑比左脑的振幅大，因为耳朵感受到声音振动是通过听神经传送到左右大脑的听中枢，中间要通过胼胝体交叉，这样左耳传来的振动波通过胼胝体交叉到右脑，同理右耳传来的振动波传到了左脑。右脑的振幅比较大，所以左耳的听力就比右耳更加敏感。

不过还是会有不同的声音存在。有聋哑专家研究认为，左右耳的听力有所不同，并不完全是左耳优于右耳。例如一般听报告或者说话时右耳还要比左耳敏感些，这是因为语言中枢在左侧；如果在热闹或者纷杂的街道上听歌曲，左耳能听到但是右耳就听不清。

人能睁着眼睛睡觉吗?

说起人能否可以睁着眼睛睡觉，大多数人首先会想起《三国演义》里面的猛将军张飞。在《三国演义》里面，张飞有勇有谋，可是他睡觉异于常人，别人是闭眼睡觉，他是睁眼睡觉，而且还是瞪着大眼睛。那么书中说的张飞睁着眼睛睡觉完全是一种艺术渲染手法吗？这个世界上到底有没有睁着眼睛睡觉的人呢？

首先要明确的一点就是，正常人在一般情况下睡觉时眼睛都是闭着的。咱们观察人睡觉没有，主要就是看眼睛。正常情况下，一般闭上眼睛大脑才能放松进入睡眠阶段。当然，也有睡觉的时候不闭上眼睛的。那些睁眼睡觉的人，并不是自己有意不闭上眼睛，而是眼睛没办法完全闭合。这种情况俗称"看家眼"，是一种病症，并不是眼睛的常态。

眼睛的闭合和张开功能是由眼外肌和表情肌来控制的，睁开眼睛一般是通过提升上睑肌和眼轮匝肌来完成。当人体进入或者打算进入休眠状态时，神经对肌肉的支配作用开始减弱放松，从而导致眼轮匝肌的张力偏低，上眼睑肌提升力不足，眼睛处于闭合状态。如果人的上眼睑肌和眼轮匝肌发育不完全，那么就会出现眼睛不能完全闭合，睁眼睛睡觉的情况。

半闭半合的状态大多出现在人的婴幼儿时期，这个时期部分婴幼儿的神经系统发育不完全，很多动作不太协调。另外一种情况是浅睡眠状态，人的睡眠状态分为浅睡眠和深睡眠。很多时候，例如大家说眯起眼打盹，这时候大多数人的状态是半睡半醒、似睡非睡的，这种情况下眼睛不完全闭合属于正常状态。若是有人进入深度睡眠还是半睁开眼睛，这就不是正常状态了。

从中医的角度解释这种现象是由脾虚造成的，另外还有一些病症也会造成眼睛不能完全闭合，例如面部神经出现问题，或者眼睛发炎等情况。

所以说，如果睡觉时眼睛闭合不上要尽早去医院检查，查出病因及时治疗，确保身体恢复正常。

胎教有什么科学依据吗?

这几年胎教特别流行,针对胎儿也能接受教育这种情况很多人持有异议,认为胎儿在母体只不过是获取营养来维持其生长,提前进行胎教是没什么效果的。那么,真相到底如何呢?胎教到底是胎教机构的一个噱头还是确实有着科学依据呢?我们一起来看看真相到底是什么样的。

要说胎教到底有没有科学道理,首先要弄明白的就是胎儿对外界的刺激有没有反应。很多准妈妈对此深有体会,当自己在听舒缓轻柔的音乐时,胎儿的活动会比较轻柔,如果准父母经常对胎儿进行交流唱歌等,婴儿出生后很明显能较快适应新的环境,能较快地和父母亲进行互动。

同时,现代医学也认为,孕妇的喜怒哀乐等情绪变化会引起体内的生理变化。一般孕妇在孕期都有不同程度的焦虑状态,当焦急、紧张、忧郁、暴躁、依赖、多疑等情绪出现时,神经系统控制的内分泌腺体分泌的各种激素会发生变化,母子一体,这样胎儿在子宫里必然会受到影响。有报告指出孕妇消极的心理因素会加剧妊娠呕吐;如果孕妇情绪紧张焦虑会引起其肾上腺皮质分泌过多,从而引起血液化学物质的改变,严重时胎儿会出现腭裂的现象;孕妇吸烟饮酒等行为会引发胎儿畸形。

有人曾经统计过,如果孕妇不慎摔倒,虽然胎儿有羊水的保护不会受伤,但是母体的担心焦虑会导致激素大量产生,胎儿受到刺激会产生不满,从而在腹中拳打脚踢来抗议;当孕妇惊慌的情绪得到缓和后,胎儿也会慢慢趋向平和。一般不建议孕妇去KTV等超高分贝的场所是因为这种场所也会让胎儿不安,从而胎动明显频繁。

种种迹象表明，来自母体外的不同刺激反应，都会给胎儿带来影响。科学工作者现在已经可以通过技术手段针对母体的胎儿进行观测，发现胎儿大脑皮质有140亿个神经细胞，出生后将不再增加。另外随着现代医学的发展及超声波的出现，科学证明胎儿在母体内也能接受教育。胎儿的发育不仅对婴幼儿时期的孩子有影响，甚至到其成年期都会受影响。据近年来的科研报告表明，若胎儿在宫内发育迟缓，会使其在老年时出现如高血压、冠心病、糖尿病等病症。所以胎教确实是有充分的科学依据的，我们不仅要意识到胎教是有道理的，更要充分认识到胎教的重要性。

你相信胎儿也会哭泣吗?

民间有一种说法:每个人都是哭着来到这个世界的,走的时候却面带微笑。我们一直都认为,婴儿呱呱坠地时的那一声啼哭是他在人世间的第一次发声。如果有人告诉你,其实很多胎儿在离开母体之前就已经哭过了,甚至有人听到过胎儿在妈妈腹中的哭声,是不是觉得特别不可思议呢?下面我们来看几个例子。

据《人体探秘》记载,1978年9月21日,山东省莱阳县中心医院内,一位超过预产期的准妈妈的腹中传来清晰的胎儿哭声。除了准妈妈之外,听到胎儿在妈妈肚子里的哭声的还有旁边的医护人员。而且每当这位产妇偏向左侧侧卧的时候,胎儿的哭声就会变得更加清晰。但是隔一天孩子出生时却因为过度窒息而没了哭声,并在出生16小时后离开了这个世界。

1983年4月14日,江苏省启东市大丰乡有一位叫作朱正芳的准妈妈,她听到自己的肚子里传来了两个婴儿的哭声。奇怪的是只有她的右耳一侧能够听得清楚,而且还能分出这两个声音一强一弱。后来丈夫和婆婆靠近她右耳的时候也都听到了胎儿的哭声。她在医院待产的时候,先后又有7名医护人员听到了胎儿的哭声。一直到4月18日,朱正芳通过剖腹产生下了两个健康的双胞胎男婴。

像这样的事情国内外还有不少的记载,那么,问题就来了:我们都知道,当胎儿在母亲的子宫内成长的时候,主要是依靠母体内的胎盘和脐带来获取所需的氧气和营养。这时候胎儿的营养和呼吸器官是胎盘,不能直接与外界进行气体交换,怎么会发生胎儿在母体内啼哭这样的新鲜事呢?

这种让我们惊奇不已的现象，一直到后来使用4D超声波成像系统对胎儿进行检查的时候，专家才给出临床上的确认解释。他们在首次使用4D超声波成像系统时就发现，婴儿在出生前的几周就已经会大声啼哭了。研究专家认为，这种情况一般会发生在妊娠末期或者是临产之前的这段时间。很多孩子在没有离开母体之前其实就已经哭过了，只不过有的胎儿哭声比较微弱，又是在母亲的腹中，这种轻微的低鸣非常不容易被发现。只有那些哭声比较大的胎儿才能够被妈妈或其他人发现，有些哭声是在妈妈的腹部听到的，有些则是在妈妈的耳朵附近能够听到。

至于胎儿在母体内啼哭的原因，专家表示原因会有很多，主要是胎儿在母亲的子宫里感觉不舒服，发生这种情况的时候意味着三种可能性：第一，可能这时候胎儿的胎膜已经遭到破坏；第二，可能是胎儿受到了缺氧或者其他因素的刺激；第三，可能是这时候外界已经有空气进入到了妈妈的宫腔当中。如果真的有空气进入到了母亲的宫腔内，就说明胎儿的胎膜已破，这种情况有可能会造成胎儿窒息。所以，从某种程度上来说，胎儿在母体内哭有可能是某种危险发生的预兆，听到胎儿哭声的准妈妈一定要尽快去医院就诊，以免发生意外。

打哈欠也会传染，你相信吗？

很多人都有这样的经历：屋里只要一个人打哈欠，就会引起一片打哈欠声。可是哈欠不像感冒，感冒是有病毒在作怪，所以传染性很强。哈欠传染的背后又是什么在作怪呢？

打哈欠为什么会传染？我们先来看看人为什么会打哈欠。医学家表示，打哈欠有很多诱因，嗜睡、无聊和用脑过度等，是脑部供血不足引起的，是人在疲劳时正常的生理反应。打哈欠时人一般会闭上眼睛，全身肌肉神经放松，鼻孔吸进更多清凉的氧气，这时大脑的温度就会降下来。大脑一般在温度低的情形下会比较清醒，所以夏天打哈欠的次数远远高于冬天，打哈欠后整个人的思想和身体都能得到暂时的放松。

心理学家曾把打哈欠的录像带给一些人观看，观看后有42%～55%的人都容易受到传染，开始打哈欠。仔细分析后发现，那些不容易受到影响的人，都是些性格比较冷酷、思想比较坚定的人，他们不容易受到外界的影响；那些看到别人打哈欠自己也跟着打哈欠的人，通常性格比较随和、和善，这类人很擅长与人相处，很容易博得对方的好感。在长期的人类进化过程中，很多表达方式会传承下来。一个人打哈欠，其余的人跟着做，其目的就是保持整个群体的清醒和一致性，这是最简单的交流和表达方式。

其实不光是人类，在其他灵长类动物中也会出现打哈欠传染的情况。科学家们研究发现，一群大猩猩中，如果地位高的大猩猩做打哈欠的动作，那么下面很多大猩猩都会受到传染，以此来表达群体的一致性。另外，打哈欠的猴子、狗之间都会有传染。这类动物头脑发达，模仿和表达感情的能力强。

所以，现在我们明白了，打哈欠之所以会传染，一方面是因为打哈欠能够使得我们的大脑得到放松，另一方面是为了满足我们表达群体一致性的需要。以后如果你发现有人容易受别人打哈欠的影响，请别嘲笑他们，这类人的情商一般都比较高，他们非常擅长人际交往。

年幼的儿童和一些患有自闭症的人一般不会受到他人打哈欠的影响，这是因为他们不容易发生移情行为，他们不但在沟通和社交能力上有所不足，还不擅长设身处地地为他人着想，所以不容易受别人情绪的传染。

一夜之间白头可能发生吗？

人真的会一夜之间白头吗？很多人听说一夜白头是从《东周列国志》里面的记载中看到的，当年伍子胥过韶关，一晚上愁得头发全白了。西方有关一夜之间白头的记录中比较有名的代表是法国王后玛丽·安托瓦内特，由于害怕第二天面临砍头的状况，她在行刑的前一天晚上，头发都白了。这些历史故事也许是加入了艺术的夸张修饰手法，那现实中真的会存在一夜白头吗？

首先要确定的是，目前的科学记录中有一夜掉头发的记录，但一夜白头目前还没有记录。不过"笑一笑，十年少，愁一愁，白了少年头"，这种说法是有科学依据的。我们下面来看看头发是怎么变白的。

科学家研究发现，头发变白确实和心理情绪有着非常大的关系。当人比较焦虑或者压力比较大时，头皮的毛细血管会持续处于收缩状态，这样会导致毛母细胞功能低下，毛母细胞具有干细胞的特性，在毛发的生长过程中不断地进行分裂、增殖和分化；黑素细胞制造黑色素的能力也同样下降，黑色素的减少直接影响生出头发的颜色。这就导致了白发的出现和增多，所以情绪的不良和压力直接影响头发。

心理学家研究后发现，一个人长期焦虑、紧张，或者受到较大的心理刺激时，一般会引起内分泌失调。这都会导致毛囊产生黑色素障碍，或者毛囊即使产出黑色素，也会由于输出渠道受阻，而产生大量的白发。同时毛囊受损或者老化死亡，无法生成黑色素，都会出现黑发变白发的现象。这就是很多人面临悲痛、压力后逐渐生出白发，或者白发增多的原因。

另外，白发变多也是指新生的白发。一般人每月的头发增长量也就两厘米左右，那些已经长出的头发，不会一下子由黑发变成白发。这是因为已经长出来的头发拥有黑色素，如果后期缺乏黑色素也只会使颜色逐渐变浅，慢慢变白。总之，这个过程绝不会一天就完成。

所以，一夜白头其实有艺术夸张的成分，但是人的心情和情绪确实对头发的颜色有着不小的影响。长期处于负面情绪状态，头发在一段时间内变白，还是极有可能的。

胃液为什么不会溶解掉我们的身体？

胃是人体的消化器官，消化功能很强大。胃里面用来消化食物的是胃液，包含盐酸、胃蛋白酶等成分。胃里面含有的盐酸浓度很高，盐酸是腐蚀性很强的酸，甚至能把金属锌都给溶解掉，如果胃里面的盐酸、胃蛋白酶和黏液一起工作，基本上可以消化任何食物。那么很多人就有疑虑了，胃的消化功能这么强大，为什么没有消化掉自己呢？

真相是，强腐蚀性的胃液确实在不断地分解着我们的胃。我们的胃之所以还在，是因为它有着顽强的自我修复能力和几种自我防御功能。

首先说胃的自我修复能力。胃的自我修复能力是非常惊人的，它通过时时刻刻地再生以补充自身消化掉的细胞。人体的胃黏膜细胞，每分钟大约脱落50万个，胃只需要三天时间，这些细胞就可以全部更新。就是说三天时间就能生出一个完整的胃！也只有这种惊人的再生能力，才能使消化液对胃壁造成的损伤得以修复。

但是胃液的侵蚀能力还是太强了，一般几个小时胃液就能把整个胃消化掉，所以胃仅仅依靠自身强大的再生也弥补不过来。为了保护自身，胃还有自己的特殊装备，即胃壁上覆盖着一层厚厚的屏障叫作胃黏膜的上皮细胞。胃黏膜具有保护胃壁的作用，它把腐蚀性比较高的胃黏液和胃壁隔开，使其不能渗入到胃壁内层。

即使胃有了胃黏膜的保护和自身的再生能力还不够安全。在胃壁上皮细胞表层还有一层薄薄的糖体层，糖体层是一种碳水化合物，糖分子的抗酸性比较好，可以把带腐蚀性的胃液对胃造成的侵害降低。

胃用来保护自己的方法除了上面的几种外，还有一种就是胃壁的里层覆盖着一层脂肪物质组成的类脂肪物质，类脂肪物质对盐酸的氢离子和氯离子都有强大的阻碍作用。

基于这种种地保护，咱们的胃才不会被自身分解掉。普通人一顿饭的量，胃基本可以分泌500毫升的胃液用以消化食物。但当饮食过度或精神压力比较大时，血液循环受到影响，保护机制遭到破坏，那么就会出现胃液过度消化胃的现象，比较严重时，就会出现胃溃疡、胃穿孔等病症。

由此可见，由于胃酸过于强大的腐蚀能力，我们的胃也在不断地消化自己，只有靠着自己超强的再生能力和几种有效的保护机制才能保护自己。但也正是因为如此，我们的胃每时每刻都处在对抗胃酸的危险当中，我们每次不合理的饮食都会成为它的安全隐患，所以我们一定要健康合理地进食，并保持积极乐观的生活态度。

肥胖会传染吗？

随着生活水平的提高，人们在饮食上有了很大改善。由于很多人一边享用着高热量的食物，一边脱离了繁重的体力劳动，变得比较宅或者喜欢窝在家里的沙发上看电视，使得肥胖现象像传染病一样扩散开来。有研究显示，中国的肥胖率已经接近30%。肥胖引起的各种病症也逐渐增多。肥胖像流感似的影响着现代人。

现在朋友圈里流行着一句话，叫作：胖到没朋友。就是说有些人变肥胖了之后，连朋友都没有了。其原因竟然是有些人害怕被他们传染，让自己也变得越来越胖？这种说法听起来是不是特别离奇呢？饭是自己吃的，肉是自己长的，别人胖关自己什么事呢？难道他们这种肥胖真的会传染吗？看完下面的解答我们就明白了。

哈佛大学经过多年的跟踪调查发现，肥胖会在社交圈内互相传染。一个胖子身边都会有几个胖子做朋友，或者这个胖子身边原来比较瘦的朋友也会逐渐变胖。这是因为，胖子周围的朋友都接受他的肥胖，对肥胖并不是很反感，所以自己基本不会控制体重。

如果你有一个或者几个较胖的朋友，聚会时你会随着肥胖的朋友一起大吃大喝，胃口也会逐渐变得越来越好，那么恭喜你，你的长胖概率增加了57%。

如果一个人的父母或者兄弟姐妹中有人出现肥胖，那么这个人长胖的概率为40%。同样的道理，既然家族或者遗传出现胖子，那么人就会潜意识为自己开脱，进而不控制体重，造成自己越来越胖。

再者，配偶比较肥胖，那么恭喜你，你变胖的概率为37%。住在同一个环境中，一方的饮食习惯会影响另一个人。胖子一般都是"食肉动物"，与其相处的时间长了，自然也会受影响，变得喜欢肉食，这样很容易结伴一起增肥。

最受影响的是亲密伙伴，亲密伙伴的言谈举止会对自己造成很大的影响。人很容易接受亲密伙伴的言论或者看法，如果你的朋友的观点是，及时享乐或者不负美食，那么你自己也会变得认可这些想法，变得喜欢美食甜品等，不会刻意控制自己的口腹之欲，所以变胖的概率会更高，而且变成胖子的概率增加了三倍，科学论证为171%。肥胖传染在同性中最为明显，如果一个人的体重有所增加，那么他的亲密朋友体重增加的概率为71%。

种种肥胖的传染都是在关系比较亲近的人中间出现，哪怕是亲戚、朋友住得比较远，但是联系比较多，也会影响着彼此的体重。如果你和邻居互不往来，邻居家都是肥胖的人，你也不用担心会受到任何影响，这可能也是亲密人或者朋友之间有行为趋同性的原因。

同时，同样的影响力也体现在减肥这件事上。如果你的一个肥胖的朋友在进行减肥，同样你也会受到影响，他的行为会影响你，使你更加注意饮食，适量运动。

所以，以上的研究证明肥胖会传染这件事，还真的是存在的。如果你的朋友圈里有心宽体胖的朋友，但是你又割舍不下友情，那么不妨尝试一下减肥这件事对他人的影响力吧。你减肥的行为影响了这位朋友的饮食和生活习惯，即使他无法瘦下来，但至少可以保证自己的习惯不被他所影响。

男性身材为什么不及女性丰满呢?

青春期的男性和青春期的女性相比,男性身材比较高大强壮,肌肉发达,看着比较结实,而同年龄段的女性比较圆润丰满,线条优美流畅,充满女性的魅力。这种明显的区分背后有什么意义吗?

其实这种身型的差别也是男女自身性质所决定的。在古代,男性一般扮演狩猎者的身份,出去狩猎来回奔波,需要消耗很多体力。虽然男人食量比女人大得多,但都会转化成肌肉,用来强壮自身。强壮的肌肉让男人狩猎时跑得更快,动作更灵敏。

如果男人的自身能量转化成脂肪,那么对于男人来说,既行动不便而且也会因没有发达的肌肉,力量削弱很多,不适合当时的生存环境。拥有发达的肌肉,在获得更多食物的同时,还能适应战争和很多体力劳动,所以对男人来说,身体潜意识的多余的能量,都会转化成自身的肌肉。另外,拥有强壮高大的身体也更能赢得女性的青睐,获得更多基因遗传的机会。

对于女性来说,孩童时期基本看不出其与男孩体态上的区别,到了青春期开始发育后,女孩和男孩的区别才逐渐明显。女孩子大多会把剩余的热量转化成脂肪,储藏在体内,为将来性成熟、孕育后代做准备。女性这种储藏脂肪的行为是性成熟的主要标志。女性身体的三分之一都是脂肪。在远古时期,由于食物贫乏,而女性在备孕和生育期都需要消耗大量营养,这样储存起来的脂肪就成为其备用能量。

脂肪虽然被大家讨厌,但是没有脂肪也是不健康的,所以我们每天都要补充营养来维持身体的需要。当然也有遗传的因素，很多女人会一辈子很消瘦，不用担心自身的脂肪过多。咱们讲的女性比男性丰满一般是指青春期，过了青春期，等人到了中年，人体新陈代谢不及年轻时快，不管是男性还是女性，如果不控制饮食养成良好的习惯，都容易长胖。

阑尾到底有没有用？

听到有人开玩笑说："你就是我的阑尾。"一部分人会比较感动，觉得是因为彼此间关系比较铁才这样比喻；而另一部分人则不这么想，他们认为，阑尾是对人可有可无的东西。事实是怎样的呢？阑尾难道真的一点用都没有吗？

我们先来说说什么是阑尾。阑尾是回肠和盲肠交界处的一段蚯蚓状的突起，长期以来，很多人认为阑尾就是进化过程中已经退化了的器官。以前，人类获取食物很困难，在困难时期会吃下很多植物粗纤维，这些食物，需要用盲肠来消化。等植物能够广泛种植，畜牧业也发展起来后，人类得到吃的东西比较容易，这时盲肠的最后一段退化萎缩成了几厘米的阑尾。对现代人来说，阑尾没什么作用，当你发觉阑尾时就是说明你的阑尾发炎了，需要请医生帮你割掉这个"无用的负担"。

某样东西的存在都有其作用和道理，对于阑尾来说，在人体内也有它自己的使命。阑尾具有丰富的淋巴组织，淋巴组织属于免疫器官。阑尾的淋巴组织在出生后就开始存在，一般在人12～20岁时达到高峰，以后渐渐减少，在55～65岁时阑尾的淋巴组织渐渐失去功能。

如果就此认为成年后阑尾可有可无，这样的断定还是为时过早。最新研究成果显示，阑尾内有分泌细胞，可以分泌多种物质和多种消化酶，用来促使肠管蠕动的激素和与生长有关的激素等等。阑尾还参与产生一种奇特的分子，这种分子能直接帮助淋巴细胞转移到身体的其他部分。

在人成年后，阑尾的职责也发生了变化，变成了有益菌的储藏室。很多人都经历过腹泻，腹泻严重时很多体内的细菌，不管是有益菌还是有害菌都会随着腹泻被排出体外，体内的细菌所剩无几，这时阑尾里面的有益菌会补充到肠内让其恢复分解功能。

腹泻问题较轻时，肠道可以依靠自身的恢复功能，阑尾的补充就显得无足轻重。但是如果肠内的细菌严重失调，阑尾的功能就凸显出来了。如果没有阑尾里有益菌的迅速补充，那么就会导致溃疡性大肠炎和阶段性回肠炎的出现，也会发生食物中毒的情况。所以现代医学家发出警告，为了自身健康，要善待阑尾，不要盲目切掉。但是如果你发生阑尾炎并且难以吃药控制了，还是乖乖地去医院割掉这段退化的器官吧。

为什么闭上眼睛就会走偏?

在方向感这件事上，不同的人的方向感差距是比较大的。有的人即使来到一个陌生的地方，他只要看一眼太阳的位置，就基本明确了方向。这类人方向感超强，一般不容易迷路，头脑也比较清晰，很容易记住周围的参考物和路线。还有一部分人，方向感不是很好，到达一个新的地方，明明看见太阳挂在东方的天空，但是自己内心的方向总是调不过来。

那么如果这两种人都闭上眼睛，方向感好的人应该比方向感不好的人更准确地做出判断吗？方向感好的人，闭上眼睛能不能走直线呢？我们来看看结果是不是像你想的那样。

曾经有人做过这样的实验，结果是无论方向感好或不好的人蒙着眼睛都没办法完成走直线，哪怕是短短的一百米，哪怕是他们在自己最熟悉的地方，很多人都是在走弧线。这是为什么呢？

有人从物理方面解释，由于地球由西向东自转，所以会产生地转偏向力。人平时走路时眼睛会帮助调整目标的方向，所以可以准确地走到自己的目标或者走直线。眼睛闭起来时，人没有了参照物及时做出调整，所以无法准确地走出直线。影响人直线行走的还有身体因素，人的重心在身体的左侧，大部分人的习惯是左脚是承重脚。当人迈步向前时，步伐的长短会有所不同，所以闭目前行时，人会不自觉地向左侧做大圆弧行走运动。再者，每个人身体的左右侧肌肉并不完全对等，有的人左腿肌肉结实，有的人右腿肌肉结实。所有这些都是造成闭目走路有偏差的原因。

为什么五指有长有短？

当我们在讨论人与人之间的不同时，总会说这样一句话："十根手指头还不一般齐呢！"用来说明同类同源的物体之间，也会存在差异。为什么我们的手指会不一样长呢？有的人可能会以为这就是天生的，我们在妈妈的肚子里的时候就已经是这样了。还有的人认为我们在胎儿期其实不是这样的，后来可能是由于发育的过程中每根手指所吸收的营养不同造成的长短不一。那么，事实到底是什么样的呢？

下面让我们来揭开事情的真相。先说说第一种观点，实际上这种以为我们先天手指就如此的想法是不正确的。当我们还是一个刚刚形成的胚胎时，每根手指的长度几乎是完全一样的，都只有大约一毫米长。但是随着我们不断地发育长大，每根手指慢慢就变得长短不一了。

那么，这是不是因为每根手指在发育时吸收的营养不同呢？也不是的，因为我们的手指在一开始就是由已经做好了生长计划的软骨细胞组成的。每根手指都有自己独特的遗传基因，我们可以理解为，我们的手指长短不一的情况是从这时候开始就已经注定了，跟吸收营养的多少没有太大的关系。

专家研究发现，人体的每个细胞都会受到遗传基因的影响，手指发育使用一种特殊的"信号传输分子"让个体独立成长。每根手指接收各自的信号来生长，信号的不同决定了它们个体的不同，这就是五根手指长短不一的原因。为什么会有这样独特的遗传基因呢？从进化论来讲，五根手指长短不一，才能满足生活中不同的需要，五根手指指骨呈放射状，可以最大限度地抓住较大的东西。需要握紧东西时，大拇指弯曲，展现最大力度；其余的四根手指弯曲，这样抓握的力度会最大。五根手指并拢弯曲，可以把手掌做成窝状来捧起细小的固体或者液体。

持续跳动的心脏会疲倦吗？

从出生到生命的尽头，心脏总是不知疲倦地日夜工作。大家常将心脏比作永动机，通过不停地收缩为全身各个部分输送营养。每天不停地工作，难道心脏不会疲倦，不需要休息吗？如果需要休息，那它怎么从来没有停止过跳动呢？让我们来看看真相到底如何。

其实，我们的心脏也是会疲倦的。不仅如此，心脏还有它自身的休息方式，因为它也需要保护自身的健康安全。为什么我们从未感觉到它休息了呢？我们先来了解一下心脏的构造和工作原理。

心肌是心脏特有的肌肉。人体能够自由运动的肌肉叫作骨骼肌，也叫横纹肌，这种肌肉知道疲劳，一般咱们运动过后需要及时休息恢复体力，像健美运动员可通过健身，使身体的横纹肌变得很有力度。分布在心脏和血管上的肌肉叫作平滑肌，平滑肌和身体的骨骼肌不同，它不受人体意识的控制，而是有自己的控制体系。过去人们以为心脏控制思想，现在科学家研究表明，大脑控制思想，但是大脑控不住心脏跳动的频率。

心肌细胞的结构呈平行的柱状排列，和别的细胞排列方式有所不同，心肌细胞呈长长的纤维状，有分支，纤维的头尾相连。心肌细胞内包含肌原纤维。肌原纤维是一种带有横纹的可收缩性物质，它上面有叫作肌原纤维节的分段结构，肌原纤维节由粗细两种丝构成，两种丝彼此间相互滑动，就引起了肌原纤维的收缩与松弛，也就引起了肌肉运动。

我们平时感觉心脏不停地在跳动，没有休息，并不是它真的没休息，而是它休息的方式很巧妙。心脏跳动的过程，先是两个心房收缩，此时两个心室舒张，然后全心舒张，在心房和心室交替收缩中完成休息。这就是心脏能够不间断跳动而不知疲倦的原因。

倒立着喝水，水会进入胃里吗？

假如人倒立着喝水，水能进入胃里吗？一般人们认为喝水都是坐或者站立，那是因为水向低处流，通过引力的作用喝水吃饭，食物和水很容易进入胃。很多人都曾试过躺着吃饭喝水，发现也没有太大阻力。但是倒立喝水可是反重力的举动呀！虽然我们在电视里看到过倒立喝水的表演，还是觉得这有些不太科学，很多人一边看一边琢磨：头朝下喝的那些水都到哪里去了呢？

要想知道头朝下喝的水会不会到胃里，只需要弄明白我们的饮食是靠重力还是别的因素进入到胃里的就可以了。

首先，咱们先了解一下正常的吞咽是怎样的动作。科学家研究发现，吞咽是个复杂的反射动作。喝水时，一般脸颊肌肉用力加上舌头的力度把水往后推入咽部，咽部与人体的口腔、鼻腔、食道等是相通的。通过条件反射原理，当有食物进入咽部时，鼻腔通道自然关闭。同样，通过食物刺激气管处的贲门，自然闭合。

平时贲门是来防止有异物进入气管。当我们不小心让小饭粒进入气管时，气管很排斥空气以外的物体进入，这时气管上面的纤毛上皮层和肌肉纤维通过肺部出来的气流使劲把异物排出，这个过程一般都会引起剧烈的咳嗽，所以哪怕是一点水进到气管都会被排出来。

很多家庭教育孩子，吃饭时不许说话，就是担心孩子的条件反射功能还不强大，容易被呛着。我们一般有吞咽动作的时候是不进行呼气或者吸气的动作的，所以喝水或者喝饮料也不会从鼻腔流出来。

当水刺激到咽部时，上面说的气管和鼻咽闭合，这时候食管上口自然打开。水通过咽道进入食管的过程很快，我们喝凉水和热水时感受得到，由咽部咽下去到胃里只需0.1秒。通过食管内的前端食道壁肌舒张，食管后端的食道壁肌收缩，前后相互配合。咱们吞下的食物都是很快到达食道下端，然后胃前端的贲门舒张，食物进入胃里被消化。

通过上面的说明，我们明白了食物不是靠重力进入食道的。咱们吃下或者喝下的东西都会进入胃里，不会进到气管和鼻腔里，这是由身体的构造决定的。虽然由于每个人的身体强壮程度不同，所以做倒立喝水的难易不同，但是只要试着喝进去水，最终水都会进入胃。

吞咽的过程和人体的条件反射决定了不管你是以怎样的动作、怎样的方式饮水进食，食物只要通过咽部进到食管，那么都会被及时送到胃里完成自身的消化系统流程。通过观察宇航员在太空的生活发现，太空船在太空中不受地球引力的影响，宇航员在太空船上吃饭或者喝水，食物或水都会进到胃里面。这也说明了倒立喝水进到胃里，是不会受地球引力左右的。

疲劳是身体中毒的现象？

现在网上年纪轻轻或者正当壮年的人突然猝死的消息层出不穷，使得我们越来越重视健康问题。为什么长期的疲劳会导致猝死？有人说疲劳不是我们认为身体感觉累了、乏了那么简单，疲劳其实是一种中毒现象。看到这里是不是感觉很惊奇？疲劳怎么会是中毒呢？是谁给我们下的毒？下面我们一步步来了解真相。

现代医学研究证明，疲劳的感觉是由身体中的一些特殊物质造成的。当人运动时人体产生特殊物质的产量就会明显增加，血液将这些特殊物质运送到人体的各个部分之后，人体就会产生类似于腰酸背疼的疲惫感。

科学家们曾做过一个实验，让一只健康的狗不停地跑步，然后跑到疲惫不堪，狗躺下就睡着了。这时把这只狗的血液注射到另外一只精神比较充沛的狗的身体内，结果被注射的狗竟然也感觉疲惫不堪，睡着了。给第一只疲惫不堪睡着了的狗输入第三只精力充沛的狗的血液，只一会儿的工夫，第一只狗就又精神百倍了。这个实验也证明了过量运动后，身体产生的疲劳物质会随血液运送到全身。

那么疲劳素到底是一种什么样的奇特的物质呢？一般情况下，适量的运动或者劳作后体内的葡萄糖和脂肪等营养物质就会被分解成二氧化碳和水。但是如果过度的运动和劳作，这些葡萄糖和脂肪便不能充分被分解成二氧化碳和水，它们会生成大量的尿酸、乳酸、氨等物质，这些就是"疲劳物质"，它们会让人产生极度的疲惫感。

科学家研究后发现，这种"疲劳物质"中的氧自由基以及所诱发的氧化反应的长期毒害，是引起衰老的重要诱因。如果人长期处于疲劳状态，那么就会看起来比同龄人显老。如果一个人天天辛苦地工作，但身体长期得不到应有的休息，就会引起机体各处的免疫系统退化，免疫系统退化以及免疫细胞的减少会大大提高其患癌的概率。

疲劳素进入人体细胞后，细胞的活力和清除毒素的能力有所下降，这样会影响细胞正常的生长和死亡程序，同时会导致人体各种器官功能性紊乱。也就是说疲劳就是中毒现象，人在很累的情况下容易感冒生病就是因为身体的抵抗力变弱了。

虽然疲劳会引起中毒让人听起来比较紧张，但是只要好好休息就能缓解。人体在休息时，身体内的这种疲劳素的产量就会降低，分解也会适当加快，这样疲劳感就会逐渐消退。

憋回的屁都去哪儿了？

　　提起放屁，许多人都很无奈，毕竟在人多的时候被人发现你在放屁是一种很不雅的行为，这种行为让人极为尴尬。有人就会忍住把要放的屁给硬憋回去，这些被憋回去的屁究竟去哪儿了？

　　一般来说，正常情况下，人一天放屁十多次，总体积大概有500毫升。屁产生的来源一般有两种：一种是说话或者吃东西时吞下的空气；另一种是我们肠道内的细菌分解食物时产生的气体。人（包括婴儿）每天都要进食，进食间隙会有部分空气伴随食物一起进入胃里（包括婴儿喝奶粉时由于需要换气，都会有部分空气进到胃里）。这些进到胃里的空气下行到肠道，且被吞进的空气一般没有什么气味。细菌分解出来的气体有部分没有异味，有部分有强烈的气味。

　　屁的成分比较复杂，无味的屁包含氧、氢、氮、二氧化碳、甲烷等；味道难闻的屁包含硫化氢、氨、粪臭素、挥发性脂肪酸等物质。每天所吃的食物不同，屁的气味也会不同。一般情况下，如果吃素，例如吃米饭、馒头、面条、红薯和水果等这类食物后放的屁基本不会有太大的气味；如果吃了太多的肉食、豆制品、奶制品，放出的屁就很容易是臭屁。如果有人在宴席上吃了太丰盛的东西，那么之后的时间他可能会释放很臭的屁影响周围较近的人。

　　在很多严肃或者重要的场合，如果有人在人多的时候把屁憋回去了，也不用特别担心，这些屁只是又返回了肠道内。当然也会有人怀疑，憋回去的屁不会再通过打嗝的方式释放出来吧？请尽管放心，肠道的蠕动都是从上到下运动的。再说很小体积的气体，不可能逆行着穿过弯曲六七米长的肠道回到胃里。这些气体只是暂时回到肠道等待下一次排出。

但是如果长时间地进行憋屁行为，那么大量的有毒气体堆积在肠道内，会重新进入血液循环，在体内的循环过程中慢慢分解。当然有些有害气体不能及时排解出去，会被肠黏膜反复吸收。这时会出现腹部胀痛、胸闷等不良状况。

放屁是人体的正常生理行为，在医生的眼里，一个人如果屁少或者屁多的情况都是身体不正常的表现。为了自己的肠道健康，需要把屁的问题也重视起来。

你知道裸睡更容易保暖吗?

在没有暖气的地方，寒冷的夜晚中很多人都选择穿着衣服睡觉。有的人穿着秋裤，有的人穿着毛裤，还有些特别怕冷的人连外套都不脱。目的只有一个，就是保暖，因为他们觉得睡觉的时候穿得越多就越暖和。但是还有另外一些人，在小孩子要睡觉时给宝宝脱去衣服，还经常教育孩子不要穿很厚的衣服睡觉，不然起床后会感觉更冷，他们认为裸睡更能保暖。那么，到底是穿得越多越暖和还是裸睡更保暖呢？真相只有一个，我们一起来揭晓答案。

科学实验证明，裸睡确实比穿衣服睡觉更保暖。棉被本身不会产生热量，但是它具有"湿润热"的保温性质，能吸收人体的热量。穿衣服睡觉时衣服会吸收人体的热气，棉被有了衣服的阻隔，温度就上升得比较慢。穿得越厚，被窝里温度上升得越慢。当人裸睡时，人体散发出的热气会被棉被吸收，被窝里温度就自然而然上升，人就会感觉到温暖。不过，温度上升的快慢还和人体本身的体质有关。有的人体质比较强，温度上升得快，有的人体质弱，则温度上升的速度就慢。

除此以外，衣服对肌肉的束缚、压迫以及摩擦均会影响血液循环的速度。血液循环的速度慢了，体温也上升得慢，热量散发自然减少。这就是在冬天如果穿很多衣服的话，即使盖上厚厚的棉被，也感觉不到很温暖，甚至会有阵阵冷意的原因。如果你想很快暖和起来的话，棉被中裸睡反而更容易。

身体各部位的毛发生长为啥不同呢？

人体除了手掌、脚掌和嘴唇以外，其余的皮肤大多长有毛发。看着类似的毛发，很多人会奇怪，为什么它们的长度会不一样？同一个人体，各处的营养物质应该基本差不多，但是头发和男人的胡须能一直长，而眉毛和皮肤上的汗毛即使不打理也不用担心长长。这又是因为什么呢？下面让我们一起来探究真相。

为什么同一个人的毛发生长会有不同？要回答这个问题，我们先来看看毛发是怎么长长的吧。毛发的结构分为毛干和毛根两部分，其中毛干是露出皮肤的可见部分，一般是由角质化的死细胞构成，所以我们去理发或者剃胡须并不会引起痛感。毛根长在皮肤内，被毛囊包裹。毛根和毛囊的末端膨大被称为毛球，毛球的细胞分裂活跃，毛球也是毛发的生长点。新长出来的毛发会和原来的毛发连接在一起，并会把原来的毛发往外推，这就形成了毛发的生长。即使毛发被剪断仍可以继续生长，但是如果毛发的毛囊出现炎症或者被感染，那么就不会再长出新的毛发。

毛发都是由毛囊里面的毛母细胞分裂长成的，但是为什么会出现头发和汗毛以及眉毛的长度不一的现象呢？这是因为人类的毛发的位置不同，毛发的生长速度和生长寿命也会不一样造成的。但是所有的毛发都有三个生长阶段，分别是生长活跃期、退化期和休止期。

对于头发来说，一般情况下头发的生长速度最快，寿命也最长。每天头发约长出0.3～0.5毫米。对于染发者来说更为直观，没几天的工夫就能看出原来染过的白发又长出来了。头发的寿命一般是3～6年。即使不剪断，头发也会自然掉落，所以我们每次洗头时都有头发掉落的现象，这是头发的自然死亡。

基本上每天死亡的头发在50～80根之间。当然如果一个人的身体比较好，毛囊得到的营养比较充沛，也能出现头发超长的现象。我们不必过度为每天掉落的头发而着急，有逝去就有新生，新生的和掉落的头发数量基本能保持一致，等到新生的赶不上掉落的数量时，就是毛发进入退化期了。所有的毛发里面，胡须和头发的增长速度较为一致。但是胡须的寿命基本为1～3年，所以你不可能会出现胡子像头发一样长的现象。

相对的，人体的眉毛和眼睫毛以及汗毛的生长速度就缓慢很多，每天基本上才长0.1～0.18毫米。眉毛和眼睫毛以及汗毛的寿命也比较短，一般为四个月，所以很多女性在嫁接眼睫毛时，会隔几个月重新做一次。

腋毛和阴毛的生长速度在头发和眉毛的速度之间，寿命也在两者之间，大概一年半，所以它们显示的长度也在两者之间。

人类历经了几十万年的进化，身体各处毛发长短的不同也是为了适应或者应对大自然。例如沙漠地区的人汗毛旺盛利于排汗，睫毛长利于防风沙，都是人类进化的结果。

牙齿也属于骨头吗？

人体中最硬的器官是什么？大家肯定都知道是牙齿。中医中常说"齿为骨之余"，是把牙齿和骨头归为同类。那么，牙齿真的是骨头吗？

事实上人体的206块骨头中不包含32颗牙齿，所以牙齿不是骨头。牙齿和骨头都是白色的，并且都很坚硬。两者相比，牙齿比骨头要硬得多。两者都含有大量的钙物质，很多人容易把牙齿当作最小的骨头，其实二者有很多本质的区别，二者的来源、形成过程、钙化程度和组织结构都不相同。

第一，人从出生就有206块骨头，但牙齿是在人出生几个月后才长出的，我们称此时的牙齿为乳牙，然后等到人六七岁，乳牙逐渐松动掉落，长出恒牙。另外骨头表面，除了关节的表面，都包裹着一层薄薄的骨膜。骨膜可是保护骨头的功臣，一般骨头受到损伤或者断裂后，骨膜中会大量地分裂造骨细胞，用以补充受损的空出区域，使受损的骨头得以恢复。

牙齿则不同，它的最外层是牙釉质，我们常称它为"珐琅质"，它的硬度甚至超过了钢铁。虽然它坚硬无比，但是也有受损和断裂的情况。牙齿的齿冠受到的损伤是无法自我修复的，因为它没有神经和血管，无法再生。牙齿出现了断裂，一般只能通过手术修复，如果受损严重则只能拔除牙齿。成年后人牙齿如果掉落，无法再次长出新牙，只能通过补牙或者种植牙的方式弥补，不过牙齿内部的牙本质有再生功能。

第二，骨头中虽然含有钙、磷、钠等成分，但是它重要的组成物质是胶原蛋白。牙齿则主要由钙、磷和其他物质组成。

第三，骨头中有骨髓，骨髓的造血细胞能通过分化生成红细胞、白细胞、血小板和淋巴细胞等等。所以说骨头的骨髓有强大的造血功能。骨头是通过骨膜与骨髓的动脉得到供血。

牙齿内有牙髓，牙髓的功能和骨髓完全不同。牙髓内有动脉、静脉、淋巴管和神经等，牙髓没有造血功能，它的作用是造牙本质。当牙冠某一部分发生龋齿或者受损，它可以在相应的牙髓腔内壁形成牙本质层，这就是牙髓的保护性反应。当然，牙神经的存在和骨神经一样，能感知病痛，如果人上火或者发生龋齿，当吃的食物较冷或者较热时都会感到牙疼。

第四，这个是最重要且最直观的区分，牙齿的一部分是裸露在外面的，而骨头是被皮肤紧紧包裹的。

时刻跳动的心脏会患癌吗？

心脏从人体还处于胚胎期就在母亲的肚子里跳动，母亲在怀孕后期的孕检中每次都有听胎心的项目。心脏是人体最繁忙、最重要的器官之一。心脏一天24小时不停地工作，直到死亡，才停止工作，所以，有强壮的心脏才能有好的身体。

癌细胞是一种变异细胞，它与正常细胞不同，有无限增殖、可转化和易转移的特点。无限增殖的癌细胞过度分裂会侵入周围正常的组织，甚至能随着体内循环或者淋巴系统转移到身体的其他部分。

世界十大疾病排名第一的是心脏病，第二就是恶性肿瘤（癌）。那么，心脏内会出现恶性肿瘤吗？人会患"心癌"吗？现代医学发达，人体的健康检查也多了起来，各种癌症如肝癌、胃癌和女性的宫颈癌等，都可以提前筛查。但是为什么医生从未建议人们在体检时做心脏癌细胞检测呢？

事实上，我们的心脏基本上没有患上癌症的可能，所以也就没必要做什么心脏癌细胞的检测。我们先来了解一下癌。恶性肿瘤主要分为两类，一类是癌，一类是肉瘤。来自上皮组织的恶性肿瘤，称为癌，所有的癌都是恶性肿瘤，但是肿瘤不一定是癌。

癌细胞处于上皮组织，无限增殖，破坏周围的组织细胞。但是心脏没有上皮组织。组成心脏的心肌细胞被称为"终末分化细胞"，就是说这种细胞从人出生后就不再分裂增殖，它的数量直到心脏停止跳动保持不变。所以，癌细胞持续分裂、无限增殖的现象无法出现在心脏，基本不可能有癌细胞生长在心脏上。

癌症到了后期通常会出现转移的现象，癌细胞很容易从组织上脱落，随着淋巴系统的循环和血液系统的循环转移到别的器官上继续生长扩散。很多患者都是由一处癌细胞发展到全身好几处都有癌细胞。大家都知道心脏是血液的出发站，也是回归站，那么这个地方会被转移来的癌细胞侵蚀吗？

癌细胞想在心脏存活，也要具备一定条件的，从落地到生根是需要时间的。心脏的动力很强，血液流通非常快，癌细胞通常没机会停留就被带出心脏，所以心脏也是转移癌细胞的器官。心脏虽然具有转移癌细胞的功能，但是不代表其内没有肿瘤的出现。心脏中除了心肌还有很多血管，血管肉瘤也有可能出现在心脏上，医学上血管肉瘤也是心脏病中最为常见的类型。另外心肌中间的横纹肌肉瘤也会出现在心脏上，这种概率很低，一般发生在婴幼儿身上。

还有研究证明，心脏不发生癌变是因为心脏的温度过高。癌细胞最适宜的温度是35摄氏度，当温度超过39.6摄氏度时，癌细胞就会被"烧死"。心脏不停地跳动，温度自然比一般的器官温度高。在人体中，很多器官不容易得癌症，例如脾脏、小肠等地方都是癌细胞不喜欢的地方。除了这些器官的温度不是癌细胞喜欢的温度之外，癌细胞无法生存还和器官分泌的"抑癌物质"有关。

所以，癌症没有机会生长在心脏，转移也无法停留。虽然在心脏上癌症基本不会出现，但是即使恶性肿瘤的出现率很低，也要重视，以免发生危害生命的后果。

晕车竟怪耳朵，你相信吗？

现代人的出行工具很多，火车、汽车、高铁、飞机等等。很多人在节假日选择和亲人或者朋友一起出行，这时有一个问题让很多人感到纠结：晕车！很多人都经历过晕车的不适感，头疼、恶心、站立不稳，严重时还会呕吐，人在晕车后没有力气，并且难受的感觉要很久才能缓解。但是你知道吗，晕车并不是眼睛或者胃造成的，而是耳朵造成的。为什么会是这样呢？我们一起来了解一下。

耳朵里面的前庭系统负责掌管人体的平衡感，主要功能为侦测地心引力。当人体加速或者减速时，体位发生变化，前庭会调整脑部的倾斜位置，用以维持身体的平衡。内耳中的三个半规管里面充满了与神经细胞相连接的绒毛，当外界产生的刺激被神经细胞接收后，人便做出相应的反应。

平时人的前庭器官处于稳定状态。当我们坐车或者坐船时，由于地面或者水面的颠簸，特别是堵车时总是停车、起步，这样会造成很多不规律的运动。人体突然前倾、向后倾倒，或者出现把人往上颠起的动作时前庭就很不稳定，这时眼睛和耳朵在向大脑发出不同的指令。例如耳朵会告诉大脑，我在坐车或者坐船，正在往前行走。眼睛会告诉大脑，身体在座位上，是车子和船只在前进，我没有移动。这时大脑就感觉到不对劲了，它会发出警告，使人感觉晕晕乎乎的很难受。身体的不同器官都在向大脑发出不舒服的感觉时，出于保护身体的原始反应，大脑会对胃做出指令，就出现了呕吐。

平时的生活中很多人由于听见或者看见令人恶心或者恐惧的事情，都会发生呕吐现象，这是人体的自然原始反应，不舒服的感觉，大脑会以为是中毒，大脑的指令刺激胃黏膜，所以发生呕吐。

当然也有人说，我坐车时容易晕车，但是开车时就不会晕车。这是因为开车时人的神经系统比较紧张，注意力特别集中。前庭神经系统又是非常复杂的神经联系反射系统，这时系统会对自己的敏感度作出调整，大脑的兴奋会对前庭神经产生抑制，所以不会发生晕车现象。

晕车的人不是身体素质差，是前庭神经系统调节力不够造成的。有些方法可以缓解晕车情况。例如，让大脑处于兴奋状态，听听歌分散自己的注意力，多看看外面的景色，或者眯眼睡觉，潜意识不要觉得自己会难受，给自己多些积极的暗示，还有，坐车时不要吃得太饱或者太油腻。这些都可以减轻晕车症状。平时多做一些锻炼前庭器官适应力的运动，如荡秋千、双杠或者原地转圈等等。经过锻炼，可减轻坐车、坐船时的晕车症状或者减少晕车的发生。

生气真的会死人吗？

经常听人说："气死人了，一定要把我气死你才甘心是吧。"在《三国演义》中，诸葛亮气死人的本领很是高超，骂死了王朗，又三气周瑜。周瑜因此感叹："既生瑜，何生亮？"然后吐血而亡。在我们周围也听到有一些不争气的儿女把父母气得生病甚至猝死的传闻。那么，生气真的会把人气死吗？我们还是一起来看看这件事的真相吧。

养生专家说，大悲大喜都是祸端。有专家研究后发现，人在生气时，心脏病发作的概率是平常的4.74倍，引起中风的概率是平常的3.62倍。

人在暴怒的状态下，内分泌系统会释放大量的肾上腺素和去甲肾上腺素。这时会引起人体的心跳加速，心肌收缩率加强，所以加重了心脏的负担。同时，由于激动而引起血压上升，身体内的血脂水平升高并激活血小板，会诱发血栓的形成，从而导致心肌梗死。过度兴奋的交感神经会导致人突发心脏病或者心律失常，从而出现猝死现象。

还有，经常生气的人肝脏容易受损。很多人说气得肝疼，是因为生气时的肝脏比平时要大上一圈。人们常说肺被气炸了，是因为生气时情绪激动，呼吸加快引起肺泡不停地扩张，得不到休息的肺也会出现问题。对于女性来说，生气容易出现乳腺问题，等等。

冲动是魔鬼，愤怒是毒药，这都是生活中的大实话。所以人在遇到事情时要学会自我开脱，学会控制愤怒。为了自身的健康，请做好情绪管理。

酸儿辣女可靠吗?

为了保持正常的两性均等，现代医学一般不让鉴定胎儿的性别。许多人根据老辈人传下来的习俗，通过一些外在表现来判断胎儿的性别，如"酸儿辣女"的说法很普遍。根据这个说法，孕妇怀孕期间如果喜欢吃酸的，那么就基本认为她腹中的胎儿是男孩；如果这个时期孕妇喜欢吃辣的话，那就表明腹中的胎儿是女孩。这难道是真的吗？这种说法有什么科学依据吗？

开门见山地说答案：科学家研究证明，酸儿辣女是无稽之谈。孕妇口味的变化，不是由胎儿的性别决定的，而是因为准妈妈在怀孕初期时，内分泌发生改变，孕妇本身和胎儿的胎盘会分泌一种绒毛膜促性腺激素。这种激素的分泌会导致孕妇的胃酸分泌不足，所以孕妇容易出现食欲下降，对气味敏感等现象，味觉也会受到影响。为了补偿胃酸分泌的不足，孕妇会经常想吃带酸味的食物，这是身体正常的补偿反应，对孕妇本身和腹内胎儿的健康都是有益的。同样受激素的影响，孕妇的嗅觉和味觉发生改变时，平时喜欢吃辣的孕妇这段时间更容易吃辣。

正常的情况是，绒毛膜促性腺激素在孕妇怀孕一个月左右时开始增多。很多孕妇也是在此时发现自己胃口的改变，才知道自己怀孕了。绒毛膜促性腺激素在胎儿两个月的时候增加到最高值，这也是孕妇在怀孕初期时胃口出现偏爱的原因，重口味的辣或者酸，更能让孕妇有胃口。一般胎儿四五个月后，孕妇的胃口得到好转，出现胃口大开的情况，以此通过补充更多的食物来维持胎儿的快速成长。

当然，绒毛膜促性腺激素的出现，也会改变孕妇以后的口味习惯。例如平时不喜欢吃甜味的孕妇，会发现自己变得喜欢甜味的食品。同时，孕妇的口味还会受地域的影响，南甜北咸、东辣西酸等等。大自然是个奇妙的存在，各地的饮食习惯不同，但是新生儿的性别比例基本都相近。

现在科学分析后大家都知道，生男生女是由染色体来决定的。女性和男性都有两条染色体，所不同的是女性的两条染色体都为X，女性卵细胞所带的染色体都为X染色体；男性的两条染色体有所不同，一条是X染色体，另一条是Y染色体，所以男性的精子就有X型精子和Y型精子。当男性的X型精子和卵细胞结合发育胎儿就是女孩，如果Y型精子和卵细胞结合发育胎儿就是男孩。也就是说生男生女是男性自身的染色体决定的，通过酸儿辣女来判断胎儿的性别是非常不科学的。

睡眠中嗅觉器官也会入睡吗？

人在睡着时，整个身心都会放松下来，眼睛闭上，耳朵对外界的声音也不敏感了，放松下的呼吸也是比较均匀的。那么人的嗅觉在睡着时也会休息吗？

人在清醒的状态下，不管是劳动还是发呆，都会消耗大量的能量。所以人在休息时新陈代谢会变慢，以保证人的身体得到充分的休养和调整。但是人在睡着以后，每个感官灵敏程度的变化却是不一样的。睡着后的听觉是最灵敏的，触觉稍微迟钝，视觉就完全休息了，嗅觉排在最后。

人在睡眠时，耳朵是最先发现周围有异常的。经常有新闻报道称，出现火灾后，很多人没有及时撤离火场而引起死亡。据观察发现，死亡的人面容安详，好像睡着了一样。难道火灾后的浓烟没有呛醒这些人吗？这些人的嗅觉都失灵了吗？其实他们的嗅觉是睡着了。

一个人的感官灵敏程度和一个人的身体状态有关系。如果一个人白天很辛苦地工作，疲劳感比较强，那么他休息状态下的感官就比较迟钝，也就是我们常说的太累了睡眠比较沉，就会感觉不到外界轻微的刺激。由于睡眠很深，听觉和嗅觉的灵敏度都会降低。反之，一个人的身体状况比较好，睡眠不是很深时，对外界刺激的感知就会比较灵敏，更容易发现周围的异动。处于这种状态的人，如果身边发生火灾，耳朵最先听见异常的声音，然后嗅觉会告诉自己周围有浓烟，而不是睡眠中嗅觉先发现问题不对，然后叫醒了耳朵。

人真的会被撑死吗？

在电影或者电视剧中我们经常能看到饥肠辘辘的人，因为好不容易得到食物了，就忍不住想吃上一顿饱饭，但是却把自己给撑死了。人真的会被食物撑死吗？

很多医护人员表示，节假日后医院里经常会接收胃溃疡、胃穿孔的病人。这些病因都是与胃和所吃的食物有关。

其实在人空腹的时候，胃也就和自己的拳头大小差不多，只能容纳200毫升的胃液和一些气体。但是胃的伸缩能力比较强，进食后胃容量能达到3000毫升。但是如果胃容量达到了3500毫升，这时的胃就容易出现问题。

没进食的胃壁厚度基本上有一厘米左右。贲门和幽门是胃连接食道和小肠的部分。食物经食道由贲门进入胃，进行消化，消化后通过幽门进入小肠。人在进食时，胃就开始分泌胃液来消化食物。一般来说水最容易消化，刚喝完水不久后就能及时排出。

饥饿的人如果吞下了大量的食物，由于口干还会喝下大量的水，这时食物经过水泡后体积会增加几倍，胃里面积存的大量食物会把原来一厘米厚的胃壁撑到薄薄的一层。未及消化的食物此时不能由幽门进入小肠，出于人体的自我保护，扩张的胃会把食物通过原来的入口贲门往外呕吐。

这时如果呕吐机制失效，那么胃壁就会有破裂的可能。如果胃壁破裂，带有腐蚀性的胃液就会腐蚀腹内的器官，同时食物原本带有的细菌和病毒就会加剧器官的感染，最后人会因为腹腔感染造成死亡。

大量的食物扩张胃的同时还会挤压到别的器官，使身体别的器官血流不畅，从而出现细胞坏死的现象，这种情况严重的话也会引起人的死亡。所以人是可以被食物撑死的。

该不该相信闪到了舌头？

几个人在聊天，气氛非常热烈，话题越来越多，当有些人夸夸其谈时，周围的朋友就会说："这么没边，也不怕风大闪了舌头。"这其实是在提醒他们不要说大话的一种俗语。生活中，吃饭咬到舌头有可能会发生，但是舌头被闪到的可能性就不大了。

大家说的闪舌头、闪腰等其实是一种"急性扭伤"，主要是肌肉、韧带组织撕裂的结果。舌头相对相他组织器官比较灵活，活动空间也有限，一般不容易出现闪舌头的现象。

但是闪舌头的情况也不是绝对不会发生，不过偶尔出现的闪到舌头的现象都不是因为风大。闪舌头出现的原因有可能是舌头的肌肉受到寒冷的刺激，例如喝下大量的冰水或吃太多的冰激凌等，使舌头的肌肉在连续的刺激下收缩过快，这时舌头会出现肌肉痉挛的状况；也有可能是舌咽神经出现问题，这种状况就是一侧的舌根、咽喉、扁桃体、一节耳根或者下颌后部出现阵发性的疼痛，这时舌头会出现痉挛现象，也就是闪舌头，不过这种病症的发病概率比较低。

总体上来说，出现闪舌头的概率不是很大，而且也不太可能是风大的原因。如果只是偶尔闪舌头不用太担心，但若频繁发生的话，就要赶紧去医院做检查。

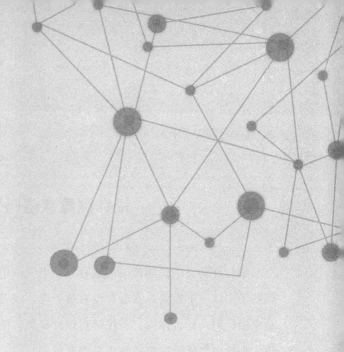

Chapter 02

妙趣横生的生活，
这些是你不知道的真相

银针测毒靠谱吗?

银针能验毒的民间传说一直存在。电视剧里经常出现有人会拿银针或者银筷子来试一下饭菜,看看有没有被下毒,或者当出现人命案时,大人们都是拿银针刺入死者体内,若拔针后银针变黑,便判定死者是被人投毒而亡。现实生活中,银针确实能测出是否有毒吗?

银针确实能测出是否有毒,这是真的。但是银针测毒只能应用于古代社会。旧时代化工业不发达,所以运用陈旧的技术提炼物质得到的产物纯度不高。古代有名的剧毒就是俗称砒霜的物质,也称鹤顶红、红矾、红信石等。因为砒霜这种剧毒物质一般在市场上比较容易买到,所以旧社会的投毒案基本都使用砒霜。

在国外有名的砒霜案就是当年流亡到南太平洋小岛上的法国赫赫有名的皇帝拿破仑的毒杀案。据考察,他是死于砷中毒,而砒霜就是砷元素的氧化物,这种物质是由矿物质提炼而成的。由于当时的提炼技术落后,这种俗称砒霜的物质中会含有不同量的硫和硫化物。硫化物和硫与银针接触后会产生化学反应生成黑色的硫化银,所以银针表面发黑。

随着科技的发展,很多旧方法已不适合现在的状况。例如经现代科学分析,人体在正常死亡后时间久了身体会发生腐化,人体自身同样会产生硫化氢,如果这时才拿银针刺入尸体,银针表面也会发生硫化现象致使银针表面发黑。银针验毒的方法只能限制在尸体刚被发现时使用,如果尸体已经腐烂,这时依靠银针验毒就会有冤案的情况发生。

银针验毒是古代科学技术不发达的情况下产生的一种当时可行的检测方

法，不适合现在当作检测标准。以现在的三氧化二砷的纯净度哪怕把银筷子放进含砒霜的食物中一天，筷子也不可能被硫化发黑。同样，现在很多有毒的产品例如毒鼠药、亚硝酸盐、很多种农药等都是剧毒，但是如果拿银针去检测，也不会发生银针发黑的情况。平时咱们吃的鸡蛋蛋黄，是健康又营养的物质，如果把银针插入蛋黄，也能发生银针变黑的情形。所以银针验毒并不准确。

不过，现在人使用银器是因为银器有杀菌的优势。据监测，每升水中如果含有五千万分之一毫克的银离子，那么就能杀死水中大部分的细菌，所以拿银碗银筷子作为就餐工具还是不错的选择。

早上吃金水果，夜里吃烂水果是真的吗？

水果富含多种人体需要的维生素，而且还能起到美容养颜的效果。水果吃起来非常方便，洗干净后可以直接食用。民间对吃水果的时间有一种说法叫作："早上金水果，中午银水果，晚上铜水果，夜里就是烂水果。"难道同样的一个水果吃的时间不同，就会产生不同的营养甚至对我们的身体造成负担吗？这样的说法有什么科学论证吗？

水果中的大量维生素C可以增强人体的抵抗力；有机酸能刺激消化液的分泌，帮助人体进行消化；果酸和果糖以及很多的矿物质都是人体需要的微量元素。水果还含有大量的膳食纤维，能促进肠道的蠕动，所以对便秘者来说，经常吃水果有利于排出体内的废物和毒素。经常食用水果，不但有利于身体健康，也能对很多疾病起到预防的作用。对于爱美者来说，更是餐餐离不开水果，水果的美容养颜效果也是非常棒的。

由于水果对人体非常有益，所以很多营养学家都建议每人每天要多吃水果。同时为了均衡营养，建议三餐都要食用水果。每种水果所含的营养成分不同，例如最为常见的苹果中含有大量的苹果酸、葡萄糖、一些维生素以及膳食纤维等，长期吃可以起到提高免疫力和增强肠道功能的作用。猕猴桃富含维生素C，维生素C作为一种抗氧化剂，能起到防癌的功效。猕猴桃的膳食纤维不但能够降低胆固醇，还能帮助消化、防止便秘等。

营养专家提醒大家根据自身状况，选择适合自己的水果。例如肠胃功能不好的人为了不给肠胃造成负担，一般不建议餐前食用大量酸性的水果。荔枝的糖分特别高，空腹的情况下不适合大量食用，否则人体内突然渗入大量的糖容易引起"高渗性昏迷"等状况。

不过，水果的消化与吸收并不会因时间的不同而有差别。每个人的消化能力不同，水果的消化和吸收与人的肠胃功能有关。正常情况下，人在吃下食物后，胃都会分泌消化液对食物进行消化。吸收也是一样，并不会因为时间不同肠胃的功能就会暂时休息。当然，正常情况下，年轻人的消化吸收功能比年长的人强。之所以会有"早上金水果，中午银水果"这种说法，大多数是因为正常的家庭早餐会比较简单，为了均衡营养，才会提醒大家尽量用水果来弥补早餐的营养均衡。至于晚餐铜水果，是因为当下人们饮食条件好，吃多了容易发胖，所以提醒大家晚餐少吃，当然夜里更是不吃最好，不然就容易引起消化不良，影响健康。水果的餐前餐后食用效果也会有所不同，一般来说，餐前食用水果有利于刺激食欲，餐后食用水果则有利于消化和吸收。

所以"早上吃金水果，夜里吃烂水果"的说法是没有科学道理的，为了营养均衡，建议大家每餐都食用水果。多食用水果，减少其他食品的摄入，对减肥也是有帮助的。

经常接吻真的有利于长寿吗?

如果有人跟你说经常接吻就能够比不接吻的人活得更久,你信还是不信呢?很多人的态度是很想信,但是又不敢信。接吻嘛,多么平常的事情,哪个成年男女没有体验过呢?那种美妙的感觉真是不可言传。

事情的真相就是,同样的条件下经常接吻的人真的能够比不接吻的人活得更久一些。有美国的一些研究者宣称他们通过研究发现经常接吻生存得"更久"的具体时间是五年。虽然这个具体时间的研究依据的可靠性还有待商讨,但是,经常接吻的人会比别人长寿确实有着实实在在的科学依据。

科学家研究表明,在接吻的时候,我们身体的很多组织都有不同程度的参与,单单是脸部参与的肌肉就多达34块。接吻除了能够调动肌肉运动之外,人体的血液循环和新陈代谢的过程也会变得更快一些,人体内的各种腺体的激素分泌也会比平时多上好多倍,这些都会对人的身体产生有益的影响。

而且,当接吻的两个人的唾液融合在一起的时候,各自唾液中的微生物由于受到对方唾液中微生物的刺激都会产生一定的应激反应。这种应激反应会刺激人的免疫系统产生特定的抗体。这个过程就是医学上常说的"交叉免疫"。体内激素的大量分泌和特定抗体的产生不仅能够增强人体的免疫力,还能起到强身健体的作用。

所以,经常接吻能够让人变得更加长寿确实是有科学依据的。不过,这还不是接吻的全部好处,除了对健康有益之外,接吻还能够使人心情愉悦,充满幸福感,真可说得上是身心两得呢。

蹲着排便和坐着排便到底哪个更科学？

随着我国经济的不断发展，越来越多的人住进了楼房。住进楼房的一大好处就是不用出门就可以解决大小便的问题了，也用不着再经受以前那种经常蹲到脚发麻，站起来眼冒金星的痛苦了。告别"蹲坑时代"的人们深深体会到了马桶的使用给我们带来的便利。弗吉尼亚大学比较教育博士生朱莉·霍兰在她的著作《厕神》当中就写下过这样的话："马桶爱好者认为，文明并非源自文字的发明，而是第一个马桶。"

但是不管什么事情都存在两面性，当大多数人还在为自己摆脱"蹲坑时代"而感到庆幸的时候，一种"坐着排便不如蹲着排便健康"的说法，已经开始在各种渠道传播开了。这种说法给出的结论是：坐着排便会导致痔疮、便秘、大肠炎、阑尾炎和结肠癌，甚至还会增加心脑血管疾病意外的风险；而蹲着排便就没有这些弊端，而且还会使排便更为顺畅、彻底。看到这样的说法是不是有点怕怕的感觉？先不要着急把卫生间里的马桶改成蹲坑，我们来看看这种观点背后的科学依据。

持这种观点的人认为，相对于坐着排便的种种弊端，蹲着排便的好处得益于一块叫作耻骨直肠肌的肌肉。当我们排便的时候，这块肌肉会使直肠形成一个尖端向前的角度。我们把这个角度叫作肛肠角。医学理论认为，这个角度越大，排便的时候所花费的力气就会越小。蹲着排便时的肛肠角比坐着排便时的肛肠角大20度左右，所以蹲着排便更顺畅、更彻底，出现心脑血管意外的概率更低，这些都是有一些科学依据的。

那么，是不是就可以认为蹲着排便比坐着排便更科学呢？答案是不一定，蹲着排便确实更轻松，但是要说坐着排便会导致痔疮、便秘、阑尾炎、结肠癌等疾病却是没有什么科学依据的。虽然蹲着排便发生心脑血管意外的概率较低，但是对于病人、老年人和孕妇这样的群体来说，他们在采用蹲便时发生摔伤的概率却是大大增加的。所以，真相就是不管是坐便还是蹲便都是各有利弊，两者之间不存在明显的优劣之分。

地球上的最高点，你知道吗?

大家都知道珠穆朗玛峰是世界上最高峰，它的海拔高度是8848米，但是，如果因此就以为珠穆朗玛峰是地球最高点的话就错了。难道海拔最高的山峰不是地球最高点吗?

地球是一个不规则的球状体，赤道的区域向外隆起。所以赤道上的区域就明显高于纬度低的区域，地球赤道半径为6378.2千米，地心到南北极的半径为6356.9088千米，可见赤道半径比南北极半径长。

从地球的地心来算，位于赤道附近的钦博拉索山距离地心6384.10千米，而珠穆朗玛峰距离地心6381.95千米。虽然从海平面算起，钦博拉索山的海拔高度才6267.91米，但是由于其处在地球隆起的地方，钦博拉索山才是地球的最高点。

汽车颜色和安全真的有关系吗?

汽车已经成为现在人们出行的重要交通工具,越来越多的人开始成为有车一族。第一次买车的新手在选择新车的时候,会习惯性地根据自己的喜好选择自己认为最好看的颜色,甚至有些走在时尚前沿的年轻人会选择非常小众的土豪金、香槟色、玫瑰红等感觉比较拉风的颜色。但是如果这些新手的身边有个经常开车的老司机,他有可能会悄悄地告诉你这些时尚的颜色可能会提高你上路后的事故发生率。那么,老司机说的是真的吗?汽车的外观颜色真的跟事故的发生概率有关吗?

答案是:老司机说得对。汽车的外观颜色跟它们的事故发生率之间确实存在着密切的联系。为了自己和亲人的安全着想,在选择汽车的颜色时真的不能那么任性,毕竟安全比拉风要重要很多。我们来看看这件事情背后的科学真相和如何选择安全概率最高的颜色。

给出这种结论的是澳大利亚最大的汽车保险公司。作为一家保险公司,他们接触到很多的汽车安全事故,他们曾经对这些事故车辆的颜色进行分类整理,试图在汽车的颜色和安全指数之间找出一种联系。最终,他们通过数据分析得出,在现有的颜色当中,黑色的汽车发生事故的概率最高,最安全的汽车颜色是白色。灰色和银色的汽车的危险系数仅次于黑色,也属于比较危险的颜色。再往后是红色、蓝色和绿色的汽车,这些颜色的汽车比起黑色的汽车,安全系数高了不少,但是还远远比不上白色的汽车。

黑白两个颜色的汽车安全系数到底有多大的差别?数据显示,在白天的行车环境中,黑色汽车发生危险的概率比白色汽车要高出12个百分点。而在凌晨和傍晚的时候，黑色汽车发生危险的概率比白色汽车高出47个百分点。

这当中的原因就像我们穿白色和黑色的衣服一样。我们都知道，白色的衣服穿在身上会显胖，黑色的衣服则会显瘦很多。这里面就涉及了颜色的胀缩性。颜色显瘦或者显胖都是因为这种胀缩性所引起的视觉差。

也正是因为颜色的这种特性，黑色的汽车看起来要比它的实际尺寸更小一些，而白色的汽车则看起来会比实际要大。看起来比实际尺寸大的汽车，就更加容易引起其他人的注意，安全系数也就会增加不少。而且白色的汽车对光线具有较高的反射率，这也是它比其他颜色汽车更加安全的原因。

所以，知道这点之后，我们在选择汽车颜色的时候，就会做出更加明智的选择，这会使得我们获得更高的安全指数。

嚼着口香糖切洋葱有什么道理吗？

经常进厨房的人都有一种痛苦的体验，叫作“剥洋葱”。当一个洋葱被切的时候，它会释放一种叫催泪因子的化合物，这种化合物会对我们的眼睛产生强烈的刺激，让我们不停地流眼泪。但是洋葱的美味却让我们欲罢不能，所以我们只能在厨房一边切着洋葱一边不停地抱怨、流眼泪。

如何才能在切洋葱的时候不流泪呢？有人说在切洋葱之前把刀放在冷水里浸泡一下，有人说切之前先把洋葱放在冷水里浸泡，还有人说要把洋葱放进微波炉里稍微加热一下，甚至还有人说要戴着泳镜切洋葱……各种靠谱不靠谱的方法层出不穷，还有一种听起来很不错，但是又让人不太敢相信的方法就是：嚼着口香糖切洋葱就不会流眼泪。

这种听起来比较简单、高效的方法真的可行吗？答案是，经过实践证明，这种方法是非常靠谱的。是不是感觉很神奇？我们来看看这背后的科学原理。要想知道为什么切洋葱的时候嘴里嚼一块口香糖就可以不流泪，这得从我们的眼泪流经的途径说起。

在我们的下眼睑靠近鼻梁的位置有一个小孔，这个小孔使鼻梁、咽喉连通。平时我们多余的泪液就会通过这个小孔排出去而不会溢出眼眶。当我们的泪腺受到精神或者是其他因素的刺激时，泪液的分泌量会突然增加很多，以致这个小孔来不及排掉多余的泪液，所以我们才会不停地流泪。但是如果这时候我们嘴里嚼着一块口香糖的话，口腔一直在不断地闭合，每一次闭合就会在口腔内形成负压。也正是因为这个负压区的存在，这个小孔就变成了一个真空抽水器，它对泪液的排放能力会是平时的几倍，多余的泪液很快就会通过这个小孔排干净，自然就不会有眼泪从眼眶里溢出来了。

用吸管喝啤酒会更容易醉吗？

啤酒可以说是我们生活中最常见的低酒精饮料，深受人们的喜欢。跟那些高度的白酒不同，平时酒量不佳的人端起啤酒也可以小酌几杯，体验一下畅饮的快乐。习惯喝白酒的人都知道，如果不想很快醉倒的话，那就选小一点的杯子，一小口一小口地抿着喝。要不然就算是同样多的酒，几下就猛灌下去也多半会醉得不省人事。那么啤酒呢，同样多的啤酒用大杯子畅饮和用吸管慢慢喝相比，哪种方式会更容易醉呢？

也许很多人会觉得，同样多的酒同样的人来喝，用什么杯子喝应该没有什么明显的区别。还会有人觉得，当然是喝得快的时候容易醉呀。其实，答案可能会出乎大家的意料。科学的回答是，同样多的啤酒用吸管慢慢喝比用大杯子喝更加容易醉。下面我们来详细分析其中的科学原理。

同样多的啤酒用吸管慢慢喝反而更加容易醉的原因在于：用吸管喝啤酒，啤酒会先走遍胃壁的每一个角落，这个过程中酒里的酒精几乎会被身体全数吸收。而且，由于喝的速度比较慢，酒精有充足的时间在血液循环过程中麻醉我们的身体。如果是大口喝酒的话，部分酒精可以直接发散出去，而且胃里短时间内汇集大量的啤酒，酒精往往还没来得及渗进血液里就已经经过肾脏的过滤随时可以被排出体外了。所以，如果不想那么快就醉的话，就不要选择用吸管慢慢喝啤酒了。

鸡蛋排排放更保鲜吗？

肉、蛋、奶是我们的饮食中必不可少的三种营养来源，而蛋类当中最重要的非鸡蛋莫属。与采购其他的食材不一样的是，我们在买鸡蛋的时候，每次都不只买三四个，而往往是一次买回来很多，然后放在家里慢慢吃。于是鸡蛋的保鲜就成问题了，如果保存不好的话就会一不小心吃到一颗臭蛋。臭蛋刺鼻的味道，不要说吃到嘴里，就是打在碗里都恨不得把碗一块儿给扔了。

有一种关于鸡蛋保鲜的方法，说出来很多人都表示不敢相信。这个方法就是把鸡蛋竖着放起来，这样就能比那些横着放的鸡蛋保存得更久一些，而且还不容易出现臭蛋。那么，这种看起来非常简单的鸡蛋保鲜方法真的会管用吗？

没错，这种看起来有些奇怪的方法确实非常管用。我们直接来说说这里面的科学原理。首先我们要知道鸡蛋是怎么变坏的。新鲜鸡蛋的蛋白液体浓度比较高，这种高浓度的蛋液能够很好地把里面的蛋黄固定。但是如果存放的时间久了再加上高温的影响，就会使得蛋液里面的蛋白酶发生变化，这种变化会使得蛋液的浓度逐渐变低，蛋液变得越来越稀。

当蛋液稀到不能很好固定蛋黄的时候，如果鸡蛋是横着放的，蛋黄就会浮上来粘到蛋壳上，这样很容易就会形成臭蛋。但是如果把鸡蛋竖着放，即使蛋液变得很稀，蛋黄也不太可能会粘到蛋壳上形成臭蛋。另外，在鸡蛋的大头一侧有一个气室，当鸡蛋被孵化的时候，还没出壳的小鸡呼吸的就是这里面的空气。也正是因为有这个气室的存在，蛋黄浮上来的时候与蛋壳分隔开，不容易形成臭蛋。

所以，要想让鸡蛋保存得更久一些，不仅要把鸡蛋竖着放，还要把鸡蛋的大头朝上，让鸡蛋也排排放。

想变聪明常吃巧克力有道理吗？

很多人都对巧克力情有独钟。要问巧克力有什么让我们割舍不下的地方，我们会不假思索地给出好多理由，比如味道甜美，比如能让人心情愉悦，比如能预防心脑血管疾病，再比如能够增强人体的免疫力。关于多吃巧克力的好处还有一种说法，却是很多人都不知道，说了也不一定有人肯信的。那就是，多吃巧克力的人会变得越来越聪明。这种说法真的可信吗？它的背后又藏着什么样的科学依据呢？

其实，英国和美国都曾做过相关的实验，实验的结果大同小异，都认为多吃巧克力确实能够有效改善人的智力。

2012年，英国医药中心发表了一篇论文。这篇论文通过多个国家的巧克力消耗量和各个国家的诺贝尔奖获得者之间的关系的对比来阐述巧克力和人的智力之间的关系。论证的结果是这两者之间是正相关的关系。

后来他们招募了一些老年人来做志愿者，这些老人每天都喝热巧克力。一个月的实验期结束后，实验人员发现老人们的记忆力和问题解决能力都得到了很大程度的提高。再后来美国的缅因大学又做了一个类似的实验，这次他们集结了近千名志愿者，志愿者的年龄分布也更加广泛，从刚满二十岁的年轻人到九十多岁的长寿老人。经过长达一年的实验期之后，他们得出的结论是：吃巧克力，会让人变得更聪明。

是不是感觉很神奇，我们已经习以为常的巧克力为什么会有这么神奇的功效呢？我们来看看它的作用原理。

科学家们通过实验表明，巧克力之所以能够有效改善我们的智力，是因为巧克力当中的可可黄烷醇和甲基黄嘌呤能够对我们大脑的认知产生积极的影响，从而使得人们因为年龄的增长而逐渐下降的认知能力得到有效改善，让我们的注意力更加集中、提高记忆力，让我们大脑解决问题的能力变得更强。

尤其是黄烷醇的作用更是明显。黄烷醇是一种天然植物化合物，被人体摄入以后，不仅有助于我们保持血压的稳定、作为氧化剂维持心脏的健康，还可以通过促进血液循环，刺激大脑运转。如果我们长期保持吃巧克力的习惯，使得我们能够保持稳定的黄烷醇的摄入量的话，便可有效改善智力状况，延缓因为年龄增加而带来的智力下降的问题。

不过，这只是一种理想状态，因为巧克力的脂肪含量高却没有能够刺激肠胃正常蠕动的纤维素，所以长期大量摄入，对不同年龄段的人会产生不同的负面影响。虽然巧克力确实能够使人变聪明，但却不是人人都适合的，切记不要轻易尝试。

浓茶、咖啡真的解酒吗？

对酒当歌，人生几何。很多人聚会时常因连连干杯后不胜酒力喝醉了，晕晕乎乎，头疼脑涨，非常难受，甚至会发生呕吐的现象。这时身边人总是习惯说，来杯浓茶解解酒吧，或者端杯咖啡提提神。不过这些方式好像都没什么作用，醉酒者依然难受，这是为什么呢？

人的体质不同，有的人酒量大，有人一杯就倒。醉酒后往往特别难受，喝醉的人希望自己喝到肚子里的酒精赶紧分解。但是浓茶和咖啡到底有没有这样的功效？

我们先来看看浓茶。浓茶里面有大量的茶碱，有利尿的作用，很容易使乙醇转化成乙醛后来不及继续分解就进入肾脏排出，加重了肾脏的负担。酒精本身就刺激胃黏膜，浓茶同样刺激胃黏膜，所以喝下大量的浓茶会加重胃黏膜的损伤。

再来说咖啡。咖啡里面的咖啡因有刺激大脑提神的作用，但是和浓茶一样，并不能够解酒。酒后喝浓茶与咖啡只是能调动醉酒者的精神状态，但是对身体内的酒精分解毫无帮助。

需要注意的是，醉酒者喝下浓茶和咖啡很容易把大脑的抑制状态转为亢奋状态，从而使身体内的血管扩张，血液流动加快，加重心脑血管的负担，这时会带来一些健康隐患。喝下浓茶和咖啡后，很多人以为自己头脑清醒了，其实是一种兴奋状态，并不是真正的解酒。

醉酒后想解酒比较好的方式是冲一杯果汁或者吃一些水果，同时也要注意适量饮酒，保持身体健康。

水银温度计打破了会有危险吗?

在日常生活中,很多小物件都是生活的好帮手,水银温度计也是一样。由于测温准确、价格便宜,所以很多家庭都会备有水银温度计。外壳是透明的玻璃的水银温度计有个很大的缺点,就是容易破碎。最近有新闻报道称因家里的水银温度计被打碎了没有正确处理,导致孩子汞中毒。这个事情还真不能轻视,难道小小的温度计中的水银会有这么大的危害吗?

咱们常说的水银就是汞,汞是银白色的液态金属。一般情况下,人吸入汞蒸气或者含有汞化合物的粉尘,就会导致汞中毒,身体会出现发热、头晕、头痛的现象。汞中毒同时会导致口腔炎以及支气管炎的发生,比较严重的话会影响肺、肾脏以及中枢神经系统等器官的功能。

由于水银温度计里面的水银量比较少,所以一般被打碎后只要科学处理,基本上都不会有问题。由于汞的密度大,水银温度计打碎后汞会呈水珠状或者成为很多个小水珠状落在地板上。这时要赶紧打开窗户通风,使空气处于流通状态。千万不要好奇地用手去碰水银,也不要简单地拿纸或者棉签收集。

正确的做法是拿硬纸板或者胶带把水银收起来,也可以拿面粉或者泥土等糊状的物体把水银收起来。收起来的水银也不要乱丢,拿到没人以及空气流通的地方让其在空气中自然挥发就可以了。这时如果有被水银污染的衣物也要放到室外通风或者丢弃。有婴幼儿的家庭,在这期间最好24小时保持家里通风,不要有人居住。

所以说,即使水银温度计被失手打坏,只要妥善处理是没有什么问题的。但是如果处理不当,确实会对我们的健康造成很大危害。面对这样的情况,还是要小心谨慎才行。

听说过面粉也会爆炸吗？

在日常生活中，很多生活常识都要了解。一则新闻报道称，有位家庭主妇在厨房做饭时，孩子捣乱抛撒面粉，导致厨房爆炸、人员受伤的后果。这则新闻出来之后，很多人都不敢相信，难道人们食用的面粉也会爆炸吗？

面粉确实会爆炸。咱们先看下粉尘爆炸的原理。悬浮在空气中的粉尘，达到一定的浓度时形成了爆炸型混合物，这时如果遇到火源，会引起迅速的燃烧及爆炸。

面粉的主要成分是淀粉，它也是一种碳水化合物。咱们都有过这样的经验，就是煮挂面时，不小心落下的挂面碰到火焰，很快就被烧焦了。当面粉被抛撒时，空气中会有很多的面粉颗粒，有研究证明，当每立方米的空气中面粉粉尘含量达到50克时，遇到明火就会发生爆炸。被抛撒的面粉颗粒很小，很容易被点燃，一粒面粉被点燃就会点燃附近的面粉颗粒，这样就会造成空间内所有面粉颗粒都会燃烧，燃烧的速度特别快且产生大量的热量，这时就是粉尘爆炸。

粉尘爆炸和汽油爆炸的原理差不多，当汽油的气体分子扩散到空气中，达到一定的浓度时，遇到明火就会引起爆炸。粉尘爆炸的化学反应速度非常快，破坏力巨大。

要想甜加点盐科学吗？

糖是甜的，盐是咸的，醋是酸的，这些都是连孩子都知道的常识。谁都知道，想吃甜的就多放点糖，想吃咸的就多放点盐。但是，最近有消息称，我们喜欢吃的冰激凌竟然是含盐"大户"。还不只是冰激凌，蛋糕、面包、话梅，这些我们习以为常的甜食竟然也都是含盐"大户"。这些可都是甜食呀，往甜食里面放盐，难道不会使甜味变淡吗？这则消息中写道专业人员表示，往这些甜食里面加盐是为了提升甜食的口感，加适量的盐在甜食里面反而会使得食物变得更甜。难道这种说法会是真的吗？

事情的真相就是，这种说法确实是真的。这又是为什么呢？我们来看看这里面的科学道理。要理解这里面的科学道理，我们先从糖分子和盐分子的大小说起。因为糖分子比盐分子大，所以糖的溶解性要弱一些。也就是说跟糖比起来，盐更加容易溶解在液体里。在糖的溶液里放入盐之后，溶解性更强的盐会使得溶液的渗透压增强。这样一来人感知液体味道的速度就加快了。

所以当甜食中加入盐时，在更小的盐分子的带动下，糖的甜味会更快地被我们的味蕾所感知。这就是在甜食中加盐不仅不感觉到咸反而会觉得更甜的原因所在。不过，要想起到这样的效果，盐的分量要掌握好，如果在甜食中加入了过量的盐，让盐的味道盖住了糖的味道，那可真的就要变成咸的了。

吃了耳屎变哑巴是真的吗?

耳屎,医学上叫作耵聍,民间还叫作耳垢。每当它们在我们的耳朵里越积越多的时候,我们便会觉得奇痒难忍,而且看起来还会显得脏脏的,所以我们通常都会对耳道深处的耳屎进行定期清理。对于那些被掏出来的耳屎,小时候的我们都避之不及,倒不是因为嫌弃它有多脏,而是怕一不小心吃到嘴里。因为在我们很小的时候,长辈们就告诫我们,吃了耳屎就会变成哑巴。那么,这种流传很广的说法到底是不是真的呢?有什么科学依据吗?下面我们一起来揭晓。

首先来看看耳屎到底是个什么样的东西。耳屎是由耳朵里的耵聍腺所分泌出来的油样、水样物质跟耳道里面脱落的死细胞混合在一起组成的。用我们肉眼观察,耳屎通常是淡黄色的蜡样干片状的物质。从化学成分分析来看,其主要成分是油、硬脂、脂肪酸、蛋白质、黄色素,另外还有少量的水、白垩、钾、钠等。而所有这些成分都是无毒的,不会对人体构成危害,当然也不会让我们变成哑巴。

长辈们之所以会用这种说法来吓唬我们,一方面是觉得身体里排出的分泌物很不卫生,担心我们会因为好奇心重而放到嘴里;还有一个更重要的原因就是害怕我们自己动手掏耳朵,不小心对自己造成伤害。事实证明,虽然吃耳屎会变成哑巴这种说法不足为信,但是大人们的这种告诫却还是有些道理的。

其实耳屎的存在不但不会对我们的健康造成伤害,还对我们的耳朵有很多保护作用。耳屎潮湿而带有黏性,很多进入耳道内的灰尘和病菌都会被它粘住，病菌一旦被它粘住就无法继续繁殖了；耳屎上面有层"酸膜"，这层"酸膜"具有抑制病菌生长的功能；耳屎含有油脂，还能起到保持耳道干燥的作用；耳屎的存在会对外界比较强的声波起到滤波和缓冲的作用，使我们的鼓膜不至于受到伤害。

耳屎有着这么多的好处，所以过度地清理自然不利于我们耳朵的健康，而且若我们操作不慎就很容易伤害到自己。虽然吃耳屎变哑巴的说法不靠谱，但是长辈的告诫却真的能够对我们起到保护作用，让我们的耳朵更健康。

溢水的热水瓶凉得更快吗?

热水瓶的使用在生活中非常普遍,为人们的生活带来了许多便利。好多人习惯在灌开水时把开水灌得满满的,盖上木塞水都溢出来了才满意,原因是他们觉得满满的热水会使热水瓶更保温。然而有人提议不要灌得太满,这样有利于更好地保温。那究竟怎样的做法是正确的呢?

热的传导方式有三种:热的辐射、热的对流和热的传导。如果一件物品想要保温,就至少要满足上面三种热传导方式中的一种。下面咱们看看保温瓶的结构。

保温瓶的外壳只是为了保护内胆不受损害,所以它的外形和保温效果无关,内胆才具有保温的功能。保温瓶的内胆是由玻璃做成的,玻璃是热的不良导体,能够降低热传导的发生。玻璃内胆的镀银像一面反光的镜子,同时镀银层也会把热量反射回内胆自身,这样就减少了热量的散失。

热水瓶的玻璃内胆是双层镀银内胆,两层内胆的出现使热射线同样会反射回去,这样热辐射就同样降低了。两层内胆之间抽成了真空,真空就破坏了对流的条件。

热水瓶无论外形怎样变化,都是瓶口的地方比较小,这样也是为了更好地保温。瓶口一般就用软木塞作封口,软木塞也是热的不良导体,干燥时会很轻,如果暖壶里面有热水,热蒸汽把它浸润后自身膨胀能更好地封住瓶口,这样就减少了热水瓶里面的热水和空气发生热对流的现象。

同样一个热水瓶,如果是水位和软木塞接触的状态下,那么热水的热量会直接通过软木塞散发到周边的空气中。热传导是由高温的地方向低温的地方传导，那么暖水瓶中的热量会不停地由软木塞传到周围温度较低的空气中。如果软木塞和热水中间有空隙和空气，那么由于这段空气的导热性能没有水的导热性能好，所以热水瓶的热传导速度就相对较慢。综上，不灌满的热水瓶更保温，事实上一般水位离软木塞有两三厘米就可以了。

其实很多人只知道热水瓶保温，但是并不清楚，热水瓶同样也能保冷。炎热的夏天，如果家里突然停电了，冰箱内的冰棍很容易化成水，那么赶紧把冰棍放到空置的热水瓶中，这样也能让冰棍在一段时间内不融化。

烧红的强力磁铁还有磁性吗？

强力磁铁的磁性很强，在生活中用途非常广泛。然而很多人会好奇，如果把强力磁铁烧红后，再用它来吸铁器，会出现什么样的场面呢？烧红之后的磁铁的磁性是变强了还是变弱了，抑或干脆就消失了呢？我们一起来揭晓谜底。

磁铁一般是用稀土金属镨、钕、镝等稀有元素混合烧结而成的，它的内部整齐地排列着方向一致的"磁畴"（磁畴是在材料内部拥有均一磁化强度的区域，在这个区域内，原子的磁矩排列整齐，方向保持一致）。当铁质的物体靠近磁铁时，磁铁的磁场会使铁质磁化，这样它们之间就有了相互的吸引力，这种吸引力会让它们牢牢地贴在一起。

当磁铁的温度升高时，磁铁内部的分子运动非常活跃，原来磁铁里面整整齐齐、方向一致的磁畴就会发生变化。随着温度的进一步升高，磁铁里面的磁畴没有了之前的整齐稳定，所以磁性就比之前弱。当磁铁被烧红，即磁铁的温度上升到一定的数值，会导致磁畴的排列完全呈无序状态，这时候的磁铁就会失去磁性。

同理，当铁块被烧红后，也无法被磁铁吸住，因为被烧红的铁块无法被磁化。科学家把磁铁完全失去磁性的温度叫作"居里温度"，经实验发现磁铁的居里温度是769摄氏度。

在炼钢厂，电磁起重机利用电磁铁经常可以将很重的生铁投放到炼钢炉内。但是对刚从炼钢炉出产的钢锭，磁铁起重机就失去作用了。因为刚出炉的钢锭的温度高达1400摄氏度，已远远超过了钢铁的居里温度，钢锭就失去了铁的磁性，也就不能被磁化。烧红后的磁铁没有了磁性，那么等温度降下来后还会恢复磁性吗？这时只需要给磁铁重新充磁，磁铁就又恢复了以往的磁性。

火焰为什么会有不同的颜色？

我们有时会下意识将火焰定义成红色的火苗，其实自然界里火焰的颜色有很多种。很多人会注意到，篝火晚会中所燃烧的树枝或者木头由于燃烧的火苗的大小不同，颜色就有不同：当火很旺时，火苗的颜色呈现很鲜亮的黄色，随着木头或者树枝燃烧接近尾声，火焰变小，这时火焰的颜色就会由亮黄色变成橙色，然后逐渐变红，最后变为暗红。一个篝火的颜色竟如此丰富，是不是有点叹为观止的感觉呢？那么，你有没有想过火焰为什么会呈现出那么丰富的颜色变化呢？我们接着往下看。

火焰的颜色取决于两个条件，其一是火焰的温度，温度不同，火焰的颜色不同；其二是燃烧物质的元素，元素不同会产生不同的光谱。

比如说现在广泛使用的电炉，当没有通电时，电炉的线圈是黑色的。当开始加热时，黑色的线圈就变成了暗红色，随着温度的升高，线圈会变得越来越红，当温度高到一定的值时，线圈就呈现明亮的橙色。线圈变红当然不是线圈在燃烧，只是线圈的温度高了。检测表明，如果线圈的温度持续增高，它的颜色还会继续改变，由橙色变成黄色继而会出现白色。当温度升到最高时，线圈会出现蓝色。也可以说，蓝色的出现就表明线圈的温度达到了最高值。

燃烧物质的元素不同，火焰的颜色也会不同。我们用天然气做饭时，常常发现火苗的颜色是蓝色的。天然气的主要成分是甲烷，气体的燃烧本身应该是无色的。但是甲烷与氧气结合时，由于氧气的不足，甲烷不能完全燃烧，从而生成了一氧化碳。一氧化碳在和氧气接触后继续燃烧，就是大家看到的蓝色火苗或者青蓝色火苗。

可燃物里面的化学成分不同，火焰就会呈现不同的颜色。如果可燃物里面有钙，那么火焰呈现的颜色就是深红色；如果有铜元素，那么火焰中就会有绿色；含钠元素，则火焰就会呈黄色；含钾元素，火焰就含有紫色。最明显的例子就是夜晚在空地里或者坟地里会出现蓝绿色的火苗，那是因为人或者动物死后骨头逐渐分解，会产生磷化氢，夏天气温高，磷化氢与空气中的氧气接触会产生微小的火苗。古代人化学常识比较少，也称之为"鬼火"。

化合物燃烧的颜色则是杂色的，是因为多个元素同时燃烧，而每个颜色都不同。多种颜色混合起来也会出现白色的光，正如彩虹的七种颜色混在一起，我们看到的却是白色的一样。

为什么强力胶不粘自己的容器?

强力胶在生活中是个好帮手，当鞋子开胶或者孩子的玩具摔坏时，只要拿出强力胶轻轻地涂上去，过了一会儿就会发现，破损的部位又重新粘在了一起。说起来简单，做起来就难，手巧的人用强力胶修复残破的东西比较容易，不擅长做手工的就惨了，经常出现手指被胶水粘在一起，或者胶水把不该粘的东西粘在一起的情况，后面再处理胶水很是麻烦。

于是有人就提出疑问，强力胶的黏合性非常强，只需一点点的强力胶就可以粘住物体，为什么胶水不粘容器本身呢？我们都知道装胶水的小瓶子或者容器都是用极其普通的塑料制成的，它们为什么不会被胶水给粘住呢？

其实，仔细看下强力胶的说明书你就知道了，原来强力胶的基本成分是一种"氰基丙烯酸酯"。"氰基丙烯酸酯"是一种丙烯酸类树脂，它能实现瞬间黏合的功能。应用的条件也比较简单，就是这种物质需要与水汽或者某些含氢化合物结合。这个条件非常容易满足，基本上需要黏合的物体表面都会有水痕，或者空气中都会有少量的水汽。所以从容器中取出强力胶，只需要薄薄的一层就能有牢牢黏合的效果。这种胶的黏合力非常强大，6平方厘米左右的黏合剂就能把一吨多的东西粘住。

需要注意的是，不要以为强力胶好用就涂太多，这样的话，强力胶会因太厚而使胶体内部无法接触外界的水汽，反而使使用效果变差。有时候只用了一次的胶水明明封好了放在避光的地方，等到再次使用时，却发现已经凝固，不能使用了，是因为使用时容器内进入了空气。

狗尿要对爆胎负责吗？

很多小区里面居住的车主，到家停车后会拿板子或者别的物体遮挡车轮胎。每天小心翼翼地挡轮胎，很是麻烦，为什么这个现象如此普遍呢？其实都是为了防止狗尿到轮胎上。

现在小区里面养宠物狗的越来越多。还有一部分人由于搬家或者其他原因抛弃了宠物狗，造成了小区里面有流浪狗的出现。这些狗都有一个令人讨厌的动作，它们喜欢抬腿往车轮上撒尿。很多车主看到车轮上有尿痕，就会很生气，因为大家都在传，狗尿会使轮胎腐蚀，这样车在高速公路上行驶时容易有爆胎的危险。于是，有狗一族和有车一族的口水仗经常上演。究竟狗要不要为车子爆胎承担责任呢？难道整天在外面磨损都不怕的轮胎，惧怕狗尿？

咱们先来看下轮胎的组成，制作轮胎的主要材料是橡胶。橡胶是一种具有弹性的聚合物，具有强度高，弹性、耐磨性能好，抗老化性能强的优点。有人做过实验，在23摄氏度的环境下，把密封橡胶放到浓度为30%的氨水中浸泡28天。取出密封橡胶测量其断裂伸长率最高仅下降18%。伸长率是用来衡量材料的韧性的指标，密封橡胶的指标达到400%，即使降了18%，指标仍保持在300%以上。在70℃的环境里浓度为3%的硫酸中浸泡28天后，密封橡胶的伸长率最高仅下降17%。综上，轻微的酸碱都不会对轮胎造成较大的腐蚀。

咱们再来看看狗尿的成分，狗尿中大部分是水，其余的含有少量的尿酸和尿素。狗每天摄入的食物中基本都有酸碱的成分。喜欢吃肉的狗，其尿液一般呈酸性。如果狗喜欢吃素，那么它的尿液就会呈碱性，pH值基本在5.4～8.4之间。这样算来，浓度为30%的氨水比狗尿中的碱性成分高出数百倍，浓度为3%的硫酸中氢离子的浓度高出狗尿中氢离子的浓度15万倍之多。这样看来，狗尿的成分对轮胎的腐蚀基本没什么影响。

狗尿除了酸碱性比较低以外，在轮胎上的停留时间也不会太长，很快就会在空气中挥发出去。轮胎的抗腐蚀性能特别强，但是也有自身的弱点。一些带能量的射线，例如紫外线等，是造成轮胎老化的主要因素。高速公路上爆胎的主要原因大多是轮胎欠压，或者轮胎外表磨损过度。虽然狗尿对车爆胎没有威胁，但是宠物主人在遛狗时也应多加注意，在爱惜自己宠物的同时，一定也要注意保护别人的爱车，使人与人之间的关系更融洽。

热水灭火有优势吗？

人们感觉太热了，就会赶紧用冷水洗脸或者冲冷水澡来降温。很多机器运转发热，需要降温，也会用到冷水。因为冷水可以降低人体或者物体表面的温度。所以很多人觉得如果发生火灾，用冷水灭火的效果肯定优于热水。事实是怎样的呢？结果恰恰相反，热水的灭火效果其实比冷水还要好。为什么呢？我们一起看看背后的科学道理。

常识我们应知道，灭火的原理：一是清除可燃物，二是使可燃物的温度降到着火点以下，三是隔绝空气。灭火的4种基本方法是隔离灭火法、窒息灭火法、冷却灭火法、抑制灭火法。

热水中的氧元素含量比冷水少，这样就不容易发生助燃现象，这是热水灭火效果更好的原因其一。其二，如果热水喷洒在可燃物上，不但能起到降温的作用（着火时可燃物的温度一般都是几百摄氏度，甚至上千摄氏度，热水也就几十摄氏度），而且燃烧物的四周很快被厚厚的水蒸气笼罩，这样燃烧物的周围含氧量就会降低，氧气少了，燃烧速度自然就降低，火势能得到及时控制。如果大量的热水喷洒在可燃物上，可燃物上面就会笼罩着厚厚的水蒸气层，水蒸气隔绝了外部的氧气，起到窒息作用，大火就很容易被扑灭。

看完原理，我们再用数据说话。有实验证明，如果将一升冷水喷洒在可燃物上，灭火面积的有效值最多为0.1平方米，但是如果是用一升热水灭火所起的作用就相当于20～30升冷水所起的作用。因为一升热水所产生的水蒸气可以使5立方的空气中水蒸气含量35%以上，含氧量14%以下。通常情况下，当空气中氧含量不足17%时，燃烧就停止了。也就是说水蒸气隔绝了外界的氧气，所以不管多大的火都会熄灭。在分秒必争的火场上，越早灭火就能挽回越多损失。

看到以上的数据，大家都明白热水灭火的优势了吧。如果发生火灾，假使具备热水扑火的条件，就能使消防员的工作事半功倍。但是热水灭火目前还未推广，值得大家注意的是，热水灭火要避免烫伤他人，不然很容易造成额外的伤害。

开水烫餐具灭菌有效果吗？

现在很多人选择去饭店聚餐。饭店里面大多是消毒后密封起来的餐具，当然还有一部分是没有密封的餐具。这时很多人就会习惯性地在就餐前用开水烫一下碗筷，说开水能杀菌。难道这样简单地烫一下就真的能去掉细菌吗？这样做能有效果吗？

开水消毒即高温消毒。高温消毒需要两个条件，一是温度足够高，二是时间足够长。大家在外就餐一般担心餐具不够卫生会引起腹泻的情况。引起腹泻的细菌一般为大肠杆菌、沙门氏菌、霍乱弧菌，以及蜡状芽孢杆菌等。这些细菌一般在100摄氏度的水中三分钟就会死去，在水温80摄氏度的情况下需要连续10分钟才会死亡，还有一些细菌例如炭疽杆菌等需要更高的温度才能死亡。

针对上面的情况不难得出结论，简单烫一下餐具并不能有效灭菌。简单烫一下，在温度和时间上都没能达到灭菌的条件（一般饭店的免费开水的温度也就是七八十摄氏度，很少能够达到100摄氏度，烫一下也就十来秒的时间，时间长度也不够），只能清除餐具上一些残留的洗涤剂和沾在上面的灰尘以及污渍。

所以如果要消毒的话，餐具应在开水或者蒸汽中放置5～10分钟，如果是放在红外消毒碗柜中，则需要把温度控制在120摄氏度然后放置15～20分钟才能起到灭菌的效果。

为什么装在口袋里的耳机线每天都在拧麻花？

现在很多人出门坐车喜欢用手机看电影、学习知识、听听音乐等，这时候为了不影响到别人经常会用到耳机。耳机小巧精致不占地方，但是有个情况让很多人烦恼。就是收纳得整整齐齐的耳机线，只要没有放到专用的收纳小盒里，等下次拿出来时就会发现耳机线大多拧麻花一样缠绕在一起。难道耳机线自己会活动打结？

看起来比较不可思议的事情，都可以用科学来解答。耳机线确实会自己给自己打结，为什么会出现这种现象？我们来看耳机线的原材料。耳机内部一般都是热塑材料制作而成的金属丝。大家都知道，金属丝一般都容易发生弯曲。像耳机线这样长宽比例严重失衡的情况，更容易发生弯曲，有时候不慎把耳机外皮的塑料弄破了，经常发现金属丝自己已经发生扭转弯曲了。

耳机线一般都是上面有两个分叉，这样方便两个耳朵能同时使用耳机。但是分出来的两根细线也会因为金属丝的受力不均衡而导致互相缠绕。如果随意将耳机放到口袋里，这就麻烦了，连主线一起，三根线就会乱成一团。

耳机线的打结缠绕引起了研究人员的注意。他们研究发现，当耳机线的长度为46～150厘米时，最容易发生打结和拧麻花现象。当线长超过150厘米时，打结的概率就比较小，当线长小于40厘米基本不会发生打结的现象。咱们通常使用的耳机线长度基本在140厘米左右，因为这个长度可保证身高各异的人都方便使用耳机。

通常我们会把耳机放在口袋里，在坐车或者是行走过程中，我们的身体都会晃动，这时候的耳机线处于活动状态，而耳机线自身想保持一种内部结构的稳定，就只能选择缠绕。通过增加耳机线与口袋之间的摩擦力，用来抵消外界带来的影响。一般的情况是，个人活动量越大，打结拧麻花的情况就越多，甚至出现死结现象。

很多商家针对这种情况，推出了放线性耳机的小盒子。这样一来，耳机线便不容易出现打结或者拧麻花的现象，这是为什么呢？耳机线发生来回缠绕，还需要一个条件，就是足够的空间。而装耳机的小盒子空间比较狭小。在狭小的空间，耳机线紧紧地贴在一起，没有伸展的空间。

通过上面的说明，我们知道了耳机线打结拧麻花的原理和空间需求条件，如果不想自己的耳机线打结拧麻花那就缩小收放空间，或者选用较粗的耳机线减少打结拧麻花的情况。

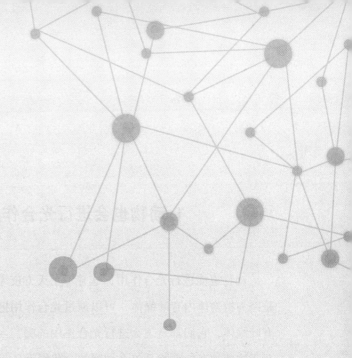

Chapter 03

动物的奥秘，
它们竟然是这样的

动物也会进行光合作用吗？

动物也能进行光合作用，这并不是天方夜谭。植物能进行光合作用主要是因为植物体内有叶绿体，可以通过光合作用把能量存储起来。动物体内没有叶绿体，它们都是怎么进行光合作用的呢？当然是它们也有自己的办法。至于这些神奇的动物是怎么做到的，我们就一起来看看好了。

首先要说的是动物和植物之间的互利共生。动植物互利共生、合作的典范就是珊瑚和虫黄藻。珊瑚是刺胞动物中的一个类群，身体结构比较简单。虫黄藻生活在珊瑚的内层，吸收珊瑚产生的二氧化碳和代谢废物，然后给珊瑚提供氧气和能量，还能对珊瑚形成石灰质的骨骼起到重要作用。

海绵和绿藻的共生与上面的情形一样。海绵给绿藻提供地盘，保护其生长安全，海藻生活在海绵的中胶层内吸取二氧化碳和代谢废物，同时给宿主海绵提供氧气。只要生长环境比较稳定，二者就会比较和谐，当然如果生长环境变得恶劣时，宿主会赶走寄生在身上的植物。等生活环境好转，它们又会回到之前的和谐共处的局面。

相比较上面的情况，下面的动物就聪明得多了。这种动物会将植物吃掉，把原本属于植物的叶绿素转移到自己的体内，储存到自己的细胞内，然后用这些转移来的叶绿素进行光合作用，利用太阳的能量将自己体内的二氧化碳和水转化为维持自身生存的营养物质。这种厉害的动物中的代表就是东部翠绿海天牛和海蛞蝓（叶羊或者海兔）。绿叶海蛞蝓只要吃过一次无隔藻，即使十来个月不吃不喝，也可靠光合作用存活。绿叶海蛞蝓与普通的海蛞蝓相比还有一个优势，它们能夺取藻类的基因并传给下一代。

上面的几种动物都是比较原始的腔肠和甲壳类软体动物。目前发现仅有一种脊椎动物最为特别，就是可爱的斑点钝口螈。斑点钝口螈在胚胎中就被发现有一种单细胞藻类的存在，就是说从出生开始它们就会自己进行光合作用了。所有的脊椎动物都有自己完善的免疫系统，至于这种单细胞藻类是怎样突破内在的生物防御机制而存在于动物体内的，科学家还没有探明真相。

刺猬交配会不会扎伤对方？

刺猬平时吃蚯蚓、甲虫、蜗牛、老鼠、小蛇以及豆子，有时也吃瓜果等，是杂食动物，一般昼伏夜出，一胎四到八个不等，到了冬天一般会进行冬眠。

刺猬名副其实披着一身刺，仗着这一身保护刺，刺猬能躲避很多危险。一旦发现情况危险时，刺猬就赶紧缩成一团，把脑袋和四肢都紧贴腹部，这样看起来就是一个带刺的小肉球，大型动物看着也对它无可奈何。

不过刺猬的刺基本都是当盾牌来用，很少有机会用来攻击敌人。但是很多人会奇怪，浑身是刺的刺猬是怎样传宗接代的？当刺猬在交配时会不会受伤？

先说答案，刺猬虽然满身刺，但是却不会在交配时伤害到对方。因为雌性刺猬的生殖器在身体的后方，交配时尾巴往上翘起生殖器就裸露在外面了。刺猬的肚皮很是柔软，没有刺，所以这也是它着重保护的地方。雄性刺猬的生殖器在腹部的下方，平时就像一个小圆球。

当到了交配的季节，雄性刺猬就会不停地示爱雌性刺猬。因为雄刺猬知道必须让雌刺猬心甘情愿地配合自己。如果对方不到发情期或者不喜欢自己，就无法完成交配。雌刺猬这一身刺也会令雄刺猬顾忌，所以经常看到一只或者几只雄刺猬不停地绕着一只雌性刺猬来求爱。为了得到爱人的欢心，雄刺猬会耐心地花上好几个小时围着雌刺猬转。它们用不停地转圈来表达倾慕和爱意。

当雌刺猬终于表示对对方有好感时，会把身上的刺给收起来。刺猬身上的刺也像人的毛发一样是中空的，收起来的刺不会扎人，还有弹性，会伸缩。雌刺猬收缩起来的刺紧紧地贴在皮肤上，这时雄刺猬便会附在雌刺猬身体的后方完成交配。由于雌刺猬并不会把刺收起来太久，所以雄刺猬要赶紧把握好时间，及时完成交配。完成交配后，双方会各自走开。

变色龙是怎样变色的？

自然界中的易容高手就数变色龙了，它们也被称为"动物界的魔术师"。很多人知道变色龙之所以变色是为了伪装，躲避天敌，但是你知道吗，变色龙变色还是为了和同类交流，为了表达自己的意愿。那么变色龙又是怎么实现变色的呢？真的是自身色素的变化产生的吗？下面我们来一起寻找答案。

变色龙沟通信息会通过皮肤的颜色来传递，如果发现有敌人入侵自己的领地，变色龙就会把身体平静时的绿色变为鲜亮的红色来警告对方、威胁对方。如果另一方无视威胁或者有意挑衅，那么变色龙接着就会把自己身体的颜色变暗，准备发动攻击驱离入侵者。到了求偶阶段，如果雌变色龙不满意眼前的求偶者，也会使自己的颜色变得暗淡，并且闪动红色的斑点表达自己的不满意。

为什么变色龙会有这么多颜色的变化呢？我们先从变色龙的身体结构说起。因为变色龙体内有三层色素细胞。变色龙的表层皮肤是透明的，最里层的色素细胞叫作载黑素细胞，其中的黑色素能够和上层的细胞交融变色；中间层是由鸟嘌呤细胞构成，这层主要调控显示的颜色是暗蓝色；最外层的细胞主要由黄色素和红色素组成。当神经感受到外界变化时，会下达命令，这时候各层之间的色素会进行交融变化，这就是我们看到不同颜色的变色龙的原因。另外由于变色龙是冷血动物，它们的体内没有自动调节体温的机制，所以它们还经常将自己皮肤的颜色变为深色用来多吸光吸热。

科研总是在质疑中有新的发现。一家研究机构的报告中提出：在变色龙的色素细胞之下，还有一层虹细胞，位于虹细胞层中透明的纳米物质是变色龙变色的主要原因。纳米晶体结构的改变会使颜色发生变化。报告说，在变色龙平静时，纳米晶体呈密集网状分布，这时折射出蓝光。当变色龙紧张或者兴奋时，这种纳米晶体结构会变得松散，这时折射的光线会呈现黄色、红色等其他颜色。

研究者还发现在这层细密的虹细胞下还有体积更大、更不规律的晶体。这层晶体可折射强光，也就是说实质上就是一层身体的隔热板。这两层虹细胞可以让变色龙在各种颜色之间迅速转换。

上面的两种说法都有自身的科学道理，最后的科学定论我们拭目以待。

蚊子有偏爱的血型吗?

夏天到了，又到了蚊虫肆虐的季节。很多人在一起聊怎样防蚊虫叮咬这个问题，有人会说自己的血型比较容易招蚊子，几个人在同一个房间里，偏偏是自己收到的"红包"最多。难道蚊子有特殊功能能感知血型的不同，在人群中找出自己偏爱的血型吗?

首先我们来看看蚊子为什么喜欢叮人。众所周知，所有的雄蚊子都不吸血，基本上以花蕊或者植物的汁液来维持生命。雌蚊子的食物比较杂，一般情况下，植物的汁液花蜜都是它们的食物，等到雌蚊子进入成熟期，则需要吸血来促进卵细胞的成熟，进而排卵繁衍后代。不管是人还是动物，都可能成为雌蚊子吸血的对象。在蚊子的意识中不知道吸血会给人带来疾病和难受，它们只是在为繁衍后代而补充营养。

蚊子叮人不需要用眼睛观察，一般是跟随人呼出的二氧化碳，人的汗味，以及热量分布来判断的。蚊子通过其触须上面一种叫作"机械性刺激感受器"的器官来找人的具体位置。在蚊子的触须上还有一种特殊的"化学感受器"，用来帮助蚊子判断哪些血液中富含胆固醇、维生素B，这些是它们喜欢的营养物质。

蚊子叮人的问题很多人都在研究，人们发现了几种情况会受到蚊子偏爱。一般来说，身体爱出汗、体温较高的人，皮肤颜色比较深的人、肺活量大的人，以及喜欢运动或者身体有香味的人，都是蚊子所偏爱的对象。当然裸露在外的部分身体很快会被它们示为吸血的目标。

蚊子叮人后虽然吸血，但是最重要的是吸取人体的含糖物质。而我们身体的含糖物质与血型的不同无关。所以，很多人说自己的血型是蚊子喜爱的，其实是因为很多人的体质不同而导致的感受不同。有的人体质不容易过敏，被叮咬后有时根本不会起包；有的人天生比较敏感，被蚊子叮咬后浑身难受，红包好久都不会消退。蚊子的"化学感受器官"侦探和定位的目标主要是二氧化碳、热量和挥发性化学物质，至于大家提到的血型，目前没有研究发现蚊子的偏爱与血型有关。

章鱼的触手会不会打结到一起?

日常交际中如果发现谁比较能干是个全才多面手，经常有人称其为"八爪鱼员工"。这类人才在公司很是吃香，无论是处理大小事情还是身兼数职都能做到面面俱全。当然生活中的八爪鱼就是指海里的章鱼。章鱼之所以叫八爪鱼，是因为它有八条柔软的触手。这八条触手能让它在水里捕获更多的食物。触手上有几百个吸盘，为了省下力气，章鱼的吸盘可以吸附在周围的物体之上。

但是让人感到惊异的是，章鱼拥有这么多的触手和如此多的吸盘，竟然不会缠绕打结。我们常见的大多数的章鱼个体不是很大，但是有人在北太平洋附近的海域发现触手长能达10米的巨型章鱼，八个长长的触手在头部的位置，数百个吸盘，要怎样的聪明头脑才能同时控制其触手不缠绕打结还能多角度分工合作取得食物呢?

科学家们对此也很有兴趣，他们做了实验想明白章鱼是怎样同时控制自己的触手的。研究发现，当章鱼的触手和身体分离时，还会依靠本能去抓周围能接触得到的东西。同时吸盘也不会粘住自己，不会发生打结现象。看来章鱼的手臂不是由其大脑来控制的。

为了进一步弄清事实的真相，科学家把活体章鱼、章鱼的断臂、剥掉皮肤的断臂，以及装有章鱼皮肤黏液的培养皿放在一个水池中，进行仔细观察。结果发现章鱼的断臂不会去抓活体章鱼和带有自身黏液的培养皿，但是当触手碰到没有皮肤的断臂时，会用吸盘吸住。对于活体章鱼来说，它不会去抓自己的断臂和装有皮肤黏液的培养皿，但是会抓住没有皮肤的断臂，甚至拿到口中吃掉。如果在章鱼抓的过程中，一些断臂上的皮肤裸露了一部分，那么它也会躲开带有一些皮肤的断臂。因此科学家们得出结论，章鱼是靠身体皮肤上的物质来互相识别的。

章鱼在没有大脑控制的情况下也能依靠皮肤上的物质识别自体和食物，这样就避免了多条触手多角度打结粘连。这也是章鱼在长期的进化过程中形成的一种保护自体的方式。章鱼在进化过程中非常强大，有时候为了躲避敌人，甚至和壁虎一样会"弃车保帅"——舍弃身体的触手。它们的触手的再生功能比较强大，只需十多天就能重新长出。据说章鱼也会抑郁或者生病，抑郁或者生病的章鱼会吃掉自己的触手。

雄海马也能生崽吗?

在我们的头脑里有一个几乎颠扑不破的真理,那就是所有的宝宝都是妈妈孕育的。但有道是大千世界无奇不有,我们认为最为牢不可破的道理也会遇到不灵的时候。比如有人说,海马宝宝就不是海马妈妈生的,而是由海马爸爸生的。这种说法就像是公鸡会下蛋一样,不知道会让多少人大跌眼镜。那么,这么不可思议的说法难道会是真的吗?真相只有一个,我们通过科学来验证。

先说说海马,海马是刺鱼目海龙科的一种小型海洋动物,它因头部弯曲与身体呈直角而出名,又因头部和马相似,所以被称为海马。海马的身体很小,一般在5～30厘米之间。

首先不要以为有人说海马宝宝是海马爸爸生的就觉得海马是雌雄同体。其实海马的雌雄很容易区分,雌海马没有育儿袋,雄海马有育儿袋。海马的繁殖期比较长,一般从春天到深秋。成熟后的雌海马把卵放在雄海马腹部前侧的育儿袋里,这时雄海马会把自己的精子释放到周围的海水里,精子会比较精准地也同样钻进育儿袋里。科学家到现在也无法解释是什么原因使得精子能准确地找到卵子。

在雄海马育儿袋的内壁有浓密的血管网层,这些血管网和胚胎里面的血管网进行密切的联系,以便胚胎取得发育期间需要的营养。在这期间,海马爸爸一直非常辛苦,大腹便便地进行游动。胚胎大概在海马爸爸的育儿袋里经过50天到60天后,海马就发育成形了,这时有的海马爸爸会扭曲或者伸展自己的身体,还有的会到附近的岩石上面去蹭。就像妈妈分娩宝宝一样,小海马都会从育儿袋里面蹦出来，海马爸爸的育儿袋基本可以装2000只小海马。等生完小海马，海马爸爸也筋疲力尽了。海马爸爸是所有物种里面最尽职的爸爸。

为什么会出现海马爸爸育儿的情况呢？这也和周围的环境有关系。到了繁殖季节，很多海生物都会从深海到浅海来进行繁殖活动，这时动物之间的弱肉强食就会出现。很多动物在这期间死亡，新生以及年幼的动物更是难以存活。很多鱼的产卵量大得惊人，但是成活率却很低，因为这些卵子基本上都会成为别的鱼类的美食。

这种情形对于长期生活在浅海的海马来说，必须进化自己才能让后代得以延续。所以为了生存，海马妈妈将卵子产进育儿袋中，由海马爸爸亲身保护。为了适应残酷的环境，海马从卵生进而演化到类似胎生，其实都是为了把卵子全部发育成小海马，提高存活率。

不过有一点需要明确，虽然小海马是从海马爸爸的育儿袋中出生的，但是卵子还是属于海马妈妈的，育儿袋只是起到了孵化器的作用，所以海马爸爸并不是真正意义上的生出宝宝。

你知道鱼儿也会睡觉吗?

　　动物和人类一样，活动时消耗能量，然后都会用睡眠来缓解神经系统和肢体的疲劳。人睡眠时就会闭眼，动物界的动物则呈现出了千奇百怪的睡姿。马和牛可以站着休眠，狗和狼等动物会在睡眠时把耳朵贴在地面上保持警惕姿态，很多鸟儿爪子握住树枝就能睡觉，等等。但是鱼整天生活在水里是怎样进行睡眠的呢?

　　鱼儿没有眼睑，总是瞪大眼睛游来游去，所以睡觉的姿态并不明显。在咱们看来，它们就是有时候游得比较快，有时候懒洋洋地缓慢游动。其实鱼儿睡觉很多时候就是打盹而已，一有风吹草动就会立刻醒来。

　　鱼儿选择睡觉的环境也会不同。例如黄斑海猪鱼、新月锦鱼等鱼儿经常会钻进细软的沙子里面。沙子里面不容易有天敌出现，所以可以放心地睡个好觉。鹦嘴鱼则比较会享受，这类鱼会自己制造"房子"。它们体内有特殊的胶状物质，在想要休息时，就会制造出一个大泡泡，这种泡泡遇到水后会硬化，泡泡把身体包住，留下一个小孔供自己呼吸，这样就像睡在睡袋里一样安全又舒适。

　　上面几种鱼还能睡得安稳些，但是有的鱼类就不同了，它们会随时保持警惕状态。例如海豚，专家分析它们大脑中的两个半球交替休息。当遇到外界刺激时，海豚可以及时清醒，最大限度地保证自身的安全。还有的鱼儿身体累的情况下，会跑到海底假山或者水草边等阴暗的地方休息。放松下来的鱼儿缓慢地游动，其实此时鱼儿已经睡着了。

　　许多两栖动物在岸上休息就和一些陆生动物一样，躺下来睡觉，如海豹。当海豹在水里时，它们就会把鼻子伸出水面，身体则垂直地立在水里，看起来就像直立的雕像，但是海豹却是在睡觉。

由于海洋或者水中都是一个大环境，鱼儿与天敌共同生活在其中，大鱼吃小鱼，小鱼吃虾米，鱼儿稍不留意，就会变成别的鱼儿的美餐，所以鱼儿要时刻保持警惕，以防天敌的出现。鱼儿的种种睡眠也是环境影响的结果。

狗能闻出癌症的气味吗？

狗的嗅觉非常灵敏，这是大家都认可的。人类靠眼睛找到目标或者发现东西，狗则是靠灵敏的嗅觉。因为人的嗅觉细胞大约为500万个，但是狗的嗅觉细胞多达两亿两千万个。狗能分辨出200多万种物质发出浓度不同的信息，所以狗不论是在新住处还是在自己的地盘，大多时间都依靠自己的嗅觉生活。

凭借狗灵敏的嗅觉，人类培养了很多得力小助手，例如军犬、警犬、搜救犬、缉毒犬和导盲犬等，极大地方便了人们的生活。有报道称，科学家最新研究发现，狗还能嗅出癌症细胞，能帮助判断人体是否患上了癌症。是不是感觉很厉害的样子？我们来看看真相到底是不是这样。

先来说一只明星狗，这是一只名叫黛西的狗，它有自己独特的技能，就是能嗅出癌细胞的存在。一开始黛西的主人并不知道自己患上了乳腺癌，但是黛西总是嗅她一侧的乳房。她这侧的乳房经常会有痛感，自己用手检查发现了自己乳房里面的肿块，去医院检查后发现，自己确诊为乳腺癌。后来有人对黛西做了系统的训练，到目前为止，黛西成功地检查出550例癌症病患，准确率达到了93%。

虽然黛西的事迹让人感到很神奇，但是却也不是孤例。狗能嗅出癌细胞的新闻屡见报端。一美国中年男子养的宠物狗喜欢嗅他的脖子。一开始他也没太注意，之后他居然摸到脖子里有硬块出现，不安的他去医院检查，发现硬块就是癌细胞。

种种奇特事情的发生，使得科学家们展开了深入研究。他们研究后发现，癌症肿瘤中的可挥发分子会从癌变细胞中进入尿液，使尿液具有特殊的气味。狗之所以能发现癌细胞，是由于癌症患者所排出的尿液中含有异常的蛋白质。狗的嗅觉细胞特别灵敏，比较擅长识别异常的白细胞的气味。但是并不是所有狗都能发现癌细胞和作出准确判断，一般还需要对狗系统地培训。培训后的狗发现癌细胞的准确率能达到41%。相比较传统的癌细胞检测方法，尿液检测更为便捷。

狗是靠嗅觉从尿液里面发现蛋白质异常，进而发现癌细胞的存在。但是狗能发现癌症的位置的原因，目前还没有科学证明。不过既然有人研究这个话题，那么将来狗能帮助医生看病也是极有可能的。未来狗也许会在医院有自己的位置，协助医生作出更多的贡献。

你相信淡水鱼不喝水吗？

万物生长靠太阳，鱼儿离不开水。喜欢养鱼的朋友都能看到，鱼在鱼缸里不停地张嘴闭嘴，并吐出许多的泡泡，看起来像是在喝水，但是了解鱼的人会知道这是鱼在呼吸。那么，就有了一个比较有趣的问题，生活在水里的鱼是怎么喝水的呢？我们来看看答案跟你想象的是不是一样。

鱼分为海鱼和淡水鱼，我们先来说淡水鱼。别看淡水鱼一生都泡在水里，但是它却是不喝水的，一生都不喝水。这个事实让很多人感到意外，鱼一生离不开水，离开一会儿都会死亡，竟然不喝水。这是为什么呢？原来呀，鱼的体液的主要组成部分是盐和蛋白质，淡水鱼的体液的浓度高于周围的水的浓度。水的渗透压总是由渗透压低的溶液向渗透压高的地方流动。这样即使鱼儿不喝水，周围的水也会源源不断地渗透进鱼儿的体内。

不停地渗透对鱼儿来说也是负担，鱼的身体也承受不了，所以淡水鱼需要不断地将体内多余的水分以尿液的形式排出体外，这样才能保持自身体内的渗透压平衡。其实不是淡水鱼不喝水，而是不用嘴巴来喝水，喝水的途径方式不同而已，对于终生生活在水里的淡水鱼来说，它们的皮肤时时刻刻都在"喝水"。

大部分生活在海里的海鱼正好和淡水鱼情况相反。海水中的盐分浓度比鱼的体液浓度高得多，所以海水的渗透压比鱼体内的要高。生活在海水中的海鱼体内的水分会源源不断地渗入到海水中去，这时为了补充自身的水分，海鱼就需要不停地喝水。如果海鱼不喝水，即使生活在海水中也会被渴死。为了适应浓度比较高的海水，海鱼的肾脏一般都非常发达，这样即使喝下很多海水，海鱼也能通过鳃来进行代谢。鱼鳃除了是鱼的呼吸器官，同时也是排泄器官。

不过也有例外，有些海鱼也是不喝水的。例如鲨鱼，同样也是渗透压的原因，鲨鱼体内的渗透压高于周围海水的渗透压。所以海水中的水分就会自动渗透到鲨鱼体内，鲨鱼根本不用张嘴喝水，这种情况跟淡水鱼不喝水的道理是一样的。

眼镜蛇擅长跟着音乐跳舞吗？

眼镜蛇颈部的肋骨可以向外膨起用来示威。眼镜蛇长度一般为1.2～2.5米。眼镜蛇具有剧毒，人被咬伤后如果不采用任何救治，30分钟至30小时不等，就会因为呼吸中枢麻痹和心力衰竭而死亡。仅印度每年被眼镜蛇咬死的就有五万来人。

蛇在印度也是神的化身，很多人崇尚蛇文化，所以在印度的街头有很多耍蛇人。当然用来表演的眼镜蛇一般是被拔掉毒牙和摘掉毒腺的，基本没什么危险。我们经常可以从电影或者电视节目中看到这样的场景：耍蛇人在街头进行表演，眼镜蛇被装在藤条笼子里，耍蛇人拿出葫芦形的蛇笛，打开笼子的盖子，开始表演吹笛子，这时蛇听见音乐渐渐从笼子里探出脑袋，吐着长长的芯子。外形可怕的蛇居然随着音乐的节奏，开始左右盘旋，翩翩起舞。这些毒性极大的眼镜蛇为什么会跟着音乐跳舞呢？难道它们也能听得懂音乐吗？科学让我们发现真相。

真相是蛇根本不懂音乐。因为蛇没有外耳、中耳、鼓膜、耳孔和耳咽管，所以几乎接收不到空气里传播的声音，更别提听懂韵律了。

眼镜蛇不但听力不好，视力也不好。所有的蛇类视力都不好，只能看见眼睛前面极小的一片区域。那么是什么驱动了蛇做出很多像跳舞一样的动作呢？秘密就在耍蛇人身上。

一般耍蛇人在吹笛子的时候会用脚拍出节奏，或者用木棍敲击藤筐。蛇是用下颚放在地面感知四周的振动的，受刺激的蛇会摇摇摆摆出来寻找威胁自己的目标。至于蛇为什么会跳舞，其实原因也很简单。大家都知道蛇的骨骼不发达，它很难保持直立不动的姿势，为了保持平衡就会左右摇摆，这样在旁观的人看来，就是蛇在跳舞。

眼镜蛇的视力有限，耍蛇人的蛇笛是它眼中重要的物体，所以它会随着蛇笛的方向变动不同的方位。而我们所看到的蛇的韵律感，其实是耍蛇人自己吹出来的，让音乐配合蛇身体的变化而已。

动物界也有左撇子吗？

据调查，左撇子占人口总量的10%~20%。科学研究表明，这是由个人的左右脑发达情况不同所造成的。如果一个人的左脑发达占主导地位他就是右撇子，同理，如果他的右脑占主导地位，他就是左撇子。于是就有了一个好玩的问题，有人提出既然人类会有左撇子，那么动物呢？动物当中会不会也存在左撇子的情况呢？答案就在科学当中。

动物界到底有没有左撇子？还真有，而且还很多。动物界的左撇子几乎是数不胜数，很多喜欢养宠物的人会发现，公猫大多是左撇子。它们抓食物或者物品时大多先伸出左爪，母猫则相反。鹦鹉是非常聪明的鸟类，科学家研究后发现，很多鹦鹉都是左撇子，它们抓取食物基本都是先伸出左爪。到了夏季，小龙虾是很多人的最爱，当仔细观察小龙虾的两只大钳子后，你会发现，左右钳子的大小会有区别，有的还特别明显。因为龙虾在捕食时会伸出最有力量的那只钳子，时间长了，为了捕食的准确性，它们会经常使用有力气的那只，所以就有了左右撇子的情况。

让人更加意想不到的是，不仅动物界有很多的左撇子，就连植物界也同样存在左撇子现象。是不是感觉脑洞更大了？植物没有手，不会进行劳动，怎样区分左撇子还是右撇子呢？科学家从植物的叶子、花、果实和根来区分。很多植物的叶子是对生，外观看没什么区别，但是仔细观察后会发现，左右叶片并不是完全相同的。右边叶子大的是右撇子，左边叶子大的是左撇子。就和人类一样，右撇子右手会强壮稍大，左撇子就是左手强壮偏大，植物也是一样。

植物的左右撇子有一部分很有规律，如左撇子的种类有，菜豆的左旋叶子是右旋叶子的2.3倍，锦葵的左旋叶子比右旋叶子大了4.6倍。当然也有右撇子占主导地位的，如小麦和大麦等等。大千世界无奇不有，人类的左撇子是否比右撇子更聪明，动植物的左右撇子又有什么意义，我想不久的将来这些谜底都会解开。

蟑螂掉脑袋后还能活吗?

说起蟑螂,很多人都会很嫌弃。它们四处爬行传染细菌,吃的东西很杂,被饿死的概率很小,从食品到树皮、电线、肥皂甚至油漆屑,都是它们的进食对象。蟑螂是水陆空高手,不但善于爬行,还擅长游泳,危急时刻还会短暂飞行。这些都还是它的小技能,比这更强的是它的繁殖能力。

据考察,蟑螂距现在有数亿年的历史,也就是说在恐龙时代就有这种生物存在了。母蟑螂有超强的繁殖能力,一只雌蟑螂一年能繁殖几万只至几十万只后代。如果你在家里看到了一只蟑螂,那么在看不见的地方会有上百上千只。蟑螂还有更强的生存能力:它们有自己独特的呼吸系统,即使在真空的环境下也能存活十分钟;在没有氧气的水里,蟑螂还会自己关闭呼吸系统,用来维持身体机能;蟑螂甚至不怕高温和强辐射。

科学家们研究后发现,如果一个地方发生原子弹爆炸事件,那么蟑螂就是原子弹爆炸后唯一能存活的生物。这是多么强悍的生存能力!怪不得被叫作打不死的小强呢。但是没有最强,只有更强,据说蟑螂还有一种比这些更加强悍的能力,那就是没了脑袋照样可以活。这话说得是不是有点过头了?事情的真相,我们运用科学来解释。

关于蟑螂没有了脑袋,到底还能不能活下去的说法,还真有人做过实验去验证,实验的结果是丢了脑袋的蟑螂真的没有死。这看起来好像有些不太科学,但是却有一个科学的解释。原来去掉脑袋的蟑螂之所以能够不死,还会对周围的刺激有反应,是因为蟑螂的神经系统很独特,其头部和躯干连接不是很紧密,直接切断的话,流血比较少,而且它的血液循环系统是开放式的，不需要高压就能把血液流到身体的各个部分，所以仅利用血小板的凝聚作用，很快便能止血。蟑螂还不依靠口鼻呼吸，它依靠身体两侧的气门提供氧气，所以即使脑袋掉了，还是一样能保持身体不缺氧和正常的血液循环。

看到这里，大家是不是觉得蟑螂的强大简直要逆天了呢？但是当时掉脑袋不死不代表以后不死。没有了脑袋的蟑螂最大的麻烦是嘴巴跟着脑袋一起"弄丢"了。没有了嘴巴就无法进食，不能吃喝的蟑螂最后还是难逃死亡的命运，不过它的这个耐力也是超出我们想象的。实验证明，没有了脑袋，蟑螂还能存活大概一周的时间，而蟑螂的死因是被活活饿死的，而不是因为丢掉了脑袋。

白色的北极熊真的是黑皮肤吗?

北极熊是北极圈之王,它们除了人类,没有天敌,是陆地上最大的食肉动物之一,体长能达到2.5米,体重能达到七八百公斤。庞大的体形并不影响它成为一个游泳健将,它在水里游泳的速度能达到每小时10千米。虽然它不擅长长时间奔跑,但是奔跑速度仍能达到每小时50千米。健硕的北极熊是大型食肉动物,它们生活在北冰洋附近有浮冰的地方,因为这些地方方便捕获食物。它们的捕猎对象以海豹为主,有时它们还会捕捉海鸟、白鲸、海象等动物。但是,如果有人说北极熊的皮肤是黑色的,你会不会觉得他疯了?因为我们在电视或者电影中发现浑身雪白的北极熊毛茸茸的,十分可爱。那么,真相到底如何呢?我们来看看科学的解释。

不管我们多么不能接受,但是北极熊的皮肤真的就是黑色的。其实只要仔细观察北极熊的外貌就能发现,在它的鼻子、眼睛或者嘴巴的周围,那些毛比较短或者相对较稀疏的地方是黑色的皮肤。一般的人虽然无法很近地观察北极熊,但是对于原本就生长在北极圈附近的因纽特人来说,他们都会证实北极熊是黑色的皮肤。

还有脑洞更大的,经科学家研究后有了更加让人吃惊的发现,北极熊不但皮肤不是白色的,就连毛也不是白色的。北极熊的毛是无色透明的、中空的管子。这些中空的毛可以直接把接收到的阳光反射到黑色的皮肤上,这样有利于北极熊收集更多的热量。但是无色透明怎么给人以白色的感觉呢?这是因为北极熊的毛特别浓密,很多的毛叠加在一起,看起来好像白色的一样。再说它生活在冰天雪地里,白色也是最好的保护色。由于氧化的原因,北极熊的毛看起来颜色会发黄，或者偏褐色、灰色。

　　但是随着全球不断变暖，北极熊这个北极圈之王能活动的范围越来越小，捕食也不如之前容易，紧挨北极圈的加拿大、挪威、丹麦等国家签署了保护北极熊的国际公约，限制捕杀和贸易北极熊，希望这些雪国的精灵能够更长远地生活在咱们这个蓝色的星球上。

鸟不用排尿和放屁吗？

鸟儿在天空中自由飞翔，很多车停在路面上，可能一不小心就被鸟粪"临幸"。那么有人会问，鸟儿会像哺乳动物一样排尿和放屁吗？

事实是鸟儿不会排尿也不会放屁。听到这个结果是不是很奇怪？这其实是鸟儿的生理结构造成的。鸟儿的消化系统比较简单，有喙、口腔、食道、嗉囊、胃、小肠、大肠和泄殖腔等，辅助的肝、胰腺等也属于消化器官。这是大多数鸟儿的结构，也有部分鸟例如食肉的鸟儿的嗉囊会变小或者消失。

鸟儿没有嘴唇和牙齿，一般由角化过的喙把食物吞进口腔，进入食道。食道下端的嗉囊能装下很多的食物。由于找来食物很不容易，所以鸟儿进食很快，这样很多食物会先存储在嗉囊中。嗉囊中的食物提前进行了湿润和软化后进入胃里。

鸟儿的胃由腺胃和肌胃组成。腺胃一般称前胃，能分泌大量的消化液来消化食物。肌胃俗称砂囊，鸟儿和鸡一样会吞下细小的石子用来磨碎食物。小肠和大肠吸收此时胃消化好的营养，剩下的残渣通过泄殖腔直接排出体外。

由于鸟儿没有膀胱，所以也不会排尿，所有的食物残渣都从泄殖腔排出。鸟儿飞行中也会口渴喝水，但是一样都是从泄殖腔排出体外。如果在鸟儿吃食物或者飞行中有空气进入体内，它们的胃就会以反刍的模式把空气排出体外。

人类和其他哺乳动物的消化系统非常复杂。在消化系统内有许多菌类帮助身体消化并分解食物，在这个过程中会产生气体，这种气体聚集到一定的程度就会被排出体外。鸟类的消化系统内没有这种细菌，所以鸟类的消化非常快。

　　据观察，一个小樱桃基本20分钟就会被鸟儿消化掉，樱桃核也会被排出体外。较难消化的食物，鸟儿最多也就需要一天的时间就可以完全将其消化。这是由于鸟儿需要不断飞翔，食物的重量会加重自身的负担，同时鸟儿的食量也比较大，需要不停地进食才能满足自己身体对能量的需求。

蚂蚁会帮同伴收尸吗?

蚂蚁是一种社会性很强的昆虫,它们有自己明确的分工,过着有组织有纪律的团体生活。在平时的生活中,很多人都看见过蚂蚁不停地忙碌,寻找食物、搬回食物等。但是细心的人发现蚂蚁会把死去的同伴也高高举起,把同伴的尸体运回家。难道这些不起眼的小动物还会知道帮同伴收尸?当然也有人会以为蚂蚁也许是把同伴当作食物运回家吃掉,毕竟它们没有很高的智商,在自然界很多昆虫都会同类相食。真相只能有一个,我们用科学来解释这一切。

蚂蚁和蜜蜂一样,一个蚁窝里面只有一个蚁后。蚁后是专门负责产卵的,一般寿命可达五六年,雄蚁专门负责和蚁后交配。工蚁就比较辛苦,整天负责搬家、筑巢、寻找食物以及照顾幼虫等等。雄蚁和工蚁的寿命都是一年。这种组织分工明确的团体确保了一个组织内正常有序的生活以及确保下一代的延续的稳定。

忙碌的蚂蚁每天都要外出寻食,它们有自己的语言方式,同类之间通过身体腺体发出的信息素进行交流和沟通。蚂蚁有非常灵敏的嗅觉,很容易找到食物。蚂蚁荤素都食,也比较喜欢吃带甜味的食物。它们发现食物后都会在食物上留下信息素。周围附近的蚂蚁会被信息素吸引,然后很多的蚂蚁会一起把食物运回家。

如果有蚂蚁在外面死亡,附近的蚂蚁也会过来把它的尸体搬回去。这些被搬回去的蚂蚁并不会被同类当作食物来吃掉,这是因为蚂蚁搬回留有信息素的尸体是出于自身的本能,它们并不能分清搬的是同类还是食物。死去的蚂蚁身体上会留有信息素，如果是活着的蚂蚁，它们会通过头顶的触角来交流以分清彼此和食物。对于死去的蚂蚁来说，则没有了触角这些交流功能。

在搬运的过程中随着时间的流逝，蚂蚁尸体上的信息素就会消退。这时工蚁就会发现自己带回来的并不是食物，信息素消退后，蚂蚁的尸体上独特的气味就会比较明显。尸体上有了同类的信息，一般尸体就不会被其他蚂蚁攻击。

由此我们可以得知，蚂蚁之所以会把同伴的尸体搬回去，既不是因为相互的感情，也不是真的搬回去吃掉，这不过是由信息素引起的一个误会而已。

怎样知道鱼儿的年龄？

许多人喜欢养鱼，有人会说你养的鱼很漂亮，它们多大岁数了？虽然自己养的鱼养了几年一般自己清楚，但是鱼的真实年龄很多人都不知道。其实鱼的年龄大多在自身也有显示，大部分的鱼身体的鳞片能显示鱼的年龄。就像树木有年轮一样，鱼的鳞片也有生长轮。可是，怎么通过鱼鳞上的生长轮辨别鱼的年龄呢？我们来看看科学会不会给我们提供答案。

鱼大多从出生起就带有细小的鱼鳞，这些鳞片一层层地包裹皮肤的外层。大多数的鱼的鳞片是由真皮演化出来的骨鳞。鱼鳞在鱼身的位置不同，鳞片的大小也会不一样，但是大多的鱼鳞形状都类似，像被截掉了顶部的圆锥形。单独细看鱼鳞的话，都是中间稍厚，边缘稍薄。鳞片最上面一层较小，时间上来说也是形成比较早，下面的面积较大，也是新长出来的，比较年轻。

鱼在逐年长大，鳞片也在逐渐增大。一般情况下，春季和夏季气温合适，鱼的食物也比较充分，所以春夏长得快。到了秋天，天气转凉，水温降低，鱼的生长就变慢了，到了冬天基本就不再生长。大自然的周期性变化都会在生物体上留下痕迹，树木的年轮是这样，鱼也一样把年轮留在了鳞片上。生物学家把鱼长得较快较宽的环形带叫作夏轮，长得较慢相比较窄的环形带叫作冬轮，一宽一窄，代表一夏一冬，也就是一年。

一般来说，在显微镜下能比较清晰地观察鱼鳞，如果条件不具备，放大镜也能看得明白。从鱼身体上取出一片或者几片鱼鳞，仔细观察后发现，鳞片上有像树的年轮一样围绕着中心，黑白相间的环形带。这些环形带也叫作生长带。仔细数下黑色的环形带的圈数。一般情况下，黑色环形带的圈数再加一就是鱼的实际年龄。如果你发现一条鱼的鱼鳞上有五条黑色环形带，那么这条鱼的年龄就是六岁。

这样看生长轮适用于大多数的鱼类，但是也有部分的鱼并没有鱼鳞，这时就要从别的地方着手了，例如通过比目鱼的脊椎骨来推算其年龄，通过大马哈鱼的鳃盖骨来推算其年龄。咱们平时食用的大小黄花鱼则使用耳石来计算其年龄。尽管对这些鱼的检测位置不同，但是这些位置都一样长有同心的生长轮。

海参"自切排脏"不会死吗？

海参营养丰富，体内富含各种酶和人体不可再造的氨基酸，胆固醇含量几乎为零。人经常食海参能调理内分泌，促进身体的良性循环。优点如此多的海参是怎样在漫长的历史中生存的呢？海参在遇到危险时为了保护自身，还能"自切排脏"，它有什么特殊的功能使自己即使排出内脏也不会死亡呢？

海参有"海洋活化石"之称，属于海洋棘皮动物的它，出现时间远远早过了恐龙。海参距今已经有六亿多年的历史了。海参的活动范围也比较广，在浅海至8000米的深海中都能生存。它们的食物特别简单，就是其他鱼类不屑一顾的浮游生物和藻类。海参有强大的生殖能力，一只成年海参，在春天的繁殖期，一次产卵可多达500万枚。这种强大的生殖能力使得其在漫长的历史进程中得以存活。

为了存活，海参还会像陆地上的变色龙一样变色。当它们在海藻和海草附近活动时，身体就会变成类似海草和海藻的绿色；当它们的活动区域是在有礁石的地方时，身体的颜色就是淡蓝色或者棕色。这些良好的保护色最大限度地保护了海参自身，但是有时也不能完全避免意外的发生。

当海参遇到危险的时候，还有自身的绝活，就是把五脏六腑从排泄孔中喷射出来。这些排出来的内脏吸引了敌人的注意力，这时海参趁机借着排脏出来的反作用力逃跑。这种保护自身的功能很多动物都有，例如壁虎断尾、海星断臂。

失去了内脏的海参不会因此而死亡，只需大约50天的时间，它们就会重新长出新的内脏。海参的体内有一种结缔组织，这种组织会使其身体有很强的再生功能。这种自切内脏的行为可以反复使用，所以海参的生存机会也就多了。研究者甚至把一只健康的海参环切成三段，过了三五个月的时间，它们会长成三个新的海参。

和一些会进行冬眠的动物不同的是，海参在海水温度超过20摄氏度时就会转移到海底的暗礁和岩石处进行夏眠。这时它们身体萎缩变硬，不吃不动。海里的鱼类基本不会拿它当食物误食。等到秋天海水变凉，海参就醒过来继续活动。

海蛇终生生活在水里吗？

蛇类在世界的很多地区都有活动痕迹，有的蛇没有毒，有的却是毒蛇。但是对于常年在海上工作的人来说，海蛇是最为可怕的动物，人类一般被海蛇咬了就会有生命危险。因为所有的海蛇都是毒蛇，一般的海蛇的毒性都超过了"毒蛇之王"眼镜蛇的毒性。这种带有剧毒的海蛇难道终生生活在海里吗？它们会不会上岸呢？

海蛇和陆地上的蛇外形基本一样，都是有细长光滑的身子，口腔内有毒牙。由于生活环境的不同，海蛇皮肤上面的鳞片有部分已经退化，有的腹部甚至没有了鳞片。没有了腹部的鳞片的海蛇是无法在陆地上爬行的，要终生生活在海里。

大多数海蛇的鳞片下皮肤比较厚，这是因为海水的盐度比较高，这样较厚的皮肤能阻挡海水的浸入。海蛇的舌下有盐腺，能把身体过多的盐分排出体外。

为了适应在海里的环境，海蛇的尾巴也不像陆地蛇一样细长，它们的尾巴演化成了像船桨一样侧扁的尾巴。这样的尾巴在海里游泳时对方向能够把握得更好。

海蛇和陆地蛇一样都是靠肺来呼吸，虽然它能在水里生存，但是不能长期潜入水底。海蛇的肺部气囊很发达，从喉咙开始一直延伸到尾巴。这样强大的肺部一则是为了储存更多的氧气，二则是像鱼鳔一样能控制身体的下沉和上升。为了适应海里的生活，海蛇有向上仰开的鼻孔，鼻孔的内部有一对可以随时开闭的瓣膜，这样海水就不能够从鼻腔进入身体。

海蛇和陆地蛇一样都是变温动物，陆地上的蛇会发生冬眠的现象。海蛇一样怕冷，无法在寒冷的水域里生存，所以说它的生存范围就在热带或者亚热带的太平洋和印度洋海域。而且由于海蛇需要在水面呼吸，所以一般生活在浅海或者海河交汇处。

海蛇和陆地蛇一样分为卵生和卵胎生。完全水栖的海蛇繁殖即卵胎生，能上岸的海蛇则还是到了繁殖季节爬回海滨沙滩上产卵，任其在沙滩自由孵化，孵化后的小海蛇就会爬回大海生活。

被雨滴击中的小飞虫会死吗?

　　盛夏季节到来，也是蚊虫肆虐的季节来临，这时候到处纷飞的小飞虫让人不胜其烦。夏天雷雨天气比较多，等到了电闪雷鸣的时候，那些在外面的飞虫会被雨滴给砸死吗？

　　有人为此专门用蚊子做了实验，在高清的摄像镜头前，展现了蚊子超强智慧的头脑。蚊子很轻，一个雨滴的质量是蚊子质量的五十多倍。当雨滴下落时，基本很少有机会正好落在蚊子身上，一般是落在蚊子的翅膀和几条伸展的腿上。这时蚊子只需把被击中的身体倾斜，然后侧身翻滚，这时落在身上的雨滴就下去了。即使雨滴不巧正好落在蚊子正上方，蚊子身体轻巧，也不会受到大的冲撞力。这时蚊子就顺势飞行，在飞行中调整身体，让雨滴和自己分离。

　　所以，雨滴击中飞虫的概率不是很高，即使击中也很少有可以杀死飞虫的情况发生。还有一条重要的说明，就是雨滴从空中落下时，由于重力加速度会在雨滴的周围产生"压力波"，这种压力波对飞舞的飞虫来说就是很大的力量，这种力量会自动推开小飞虫。另外，小飞虫一般对天气变化比较敏感，在暴风雨即将到来时，会提前找到藏身之处，躲避暴风雨带来的灾难。

兔子只吃肉可以生存吗？

在食物链上，大多是食肉动物在食草动物的上端，如果让小兔子吃肉，让狼吃草，会发生什么情形？它们能适应吗？能健康地生存下去吗？小兔子是吃草的动物，在自然界里一直是被动存在。食草是因为它们对肉食不感兴趣，还是自身情况有限不善于捕捉肉类动物？如果把一只兔子的食物由青草换成火腿肠或者别的动物的肉会怎样呢？或者如果狼的肉类食物不够了，它们靠吃草能生存吗？

答案是否定的，它们不能生存。从它们自身的身体构造来说，食草动物的消化管道长度是自己身体长度的十倍左右，这是因为植物中的大量难以消化的纤维素，需要较长时间去消化。一般的肉类或者捕捉到的动物在自然环境下很容易就产生腐败的状况，如果长时间在肠胃里，就会产生消化系统的疾病，而且食草动物的消化系统不能分解肉类动物的肉类蛋白，长期下去就会导致疾病出现，使身体逐渐变坏从而死亡。

食肉动物，例如狼，为了能捕捉到食物，它们的奔跑能力比较强，有尖锐的犬齿和有力的下颌去撕裂咬烂食物。但食肉动物没有磨碎食物的臼齿，吃进去的食物几乎都是吞下去的，生吞活剥用在这里比较恰当。由于肉类很容易腐败，所以食肉动物的消化道特别短。这样就能很快地排出食物残渣，即使肉类中有细菌出现也会及时排出来。但是如果让狼吃草，那么草几乎还没有被消化就已经到了消化系统的末端给排出去了，这样即使吃下再多的草，狼也是几乎得不到任何营养的，长期下去，狼就会爬不动了。

在自然界也有杂食动物，例如咱们的国宝大熊猫，既吃植物，例如竹子，也吃肉类，例如鸡、鸭等等。大熊猫在最初的时期是食肉动物，当然大熊猫属于食肉目，熊科。虽然大熊猫现在进化成以竹子为食，但它的牙齿和消化道还是保持原来的样子。

啄木鸟会不会得脑震荡？

被称为森林医生的啄木鸟是特别尽心尽责的益鸟，每天为了填饱肚子，需要不停地找很多虫子吃。树林里的吉丁虫、透翅蛾和天牛等害虫对树木的损害很大，它们也都是啄木鸟主要的食物。据说一只啄木鸟每天能吃掉1500只害虫，每天要在树上啄12000次左右。于是有人就提问，如此高频率的敲击，啄木鸟怎么不会得脑震荡呢？

我们先来看看，啄木鸟在啄树的时候速度有多快。一般情况下即便有幸看到一只啄木鸟正在啄树上面的小虫子，但是你绝对看不清它的具体动作。因为，啄木鸟啄木的频率可以达到每秒钟十五六次。想象你哪怕一眨眼的工夫，啄木鸟已经做了十来次啄木的动作。

啄木鸟每一次敲击的速度能达每秒555米，相当于啄木鸟头部前后运动的速度等于每小时2092千米。这个速度比子弹出膛时的速度还快一倍多。啄木鸟头部所承受的冲击力等于所受重力的1000倍。拿一辆速度为每小时50千米的汽车与之相比，啄木鸟啄木的速度比汽车行驶速度的41倍还多。

咱们来做更直观的说明，假使一辆速度为每小时50千米的汽车，行驶中撞在一面墙上，这时汽车所承受的冲击力仅为其所受重力的10倍，但是现场你会发现，车头肯定严重受损，墙体也会由于受到突然撞击而发生砖头破碎、墙体倒塌的情况。啄木鸟每天一万多次的敲击，单凭想象都觉得脑袋疼。但是啄木鸟却不会得脑震荡，我们再用科学来解释一下原因。自然界的每一物种存在都有其合理性，啄木鸟也有自己的保护装置。

第一层保护：啄木鸟的头颅非常坚硬，大脑一般比较小，脑组织非常紧密，基本没有空隙，这样在啄木中基本不容易受到冲击力而受损。

第二层保护：啄木鸟的大脑是紧紧贴在头骨上的，当啄木鸟撞击时，产生的作用力被分散到更大的区域，这样有利于减轻作用力。

第三层保护：啄木鸟脑袋的内部有一层坚韧的外脑膜，外脑膜与脑髓间有狭窄的空隙，这样可以减弱撞击力。

第四层保护：啄木鸟喙部两侧的肌肉非常发达，强有力的肌肉系统也能起到防震作用，另外由于啄木鸟的啄木运动轨迹是直线，所以没有横向的作用力去伤害头部。

第五层保护：啄木鸟的上下喙不等长，一般下喙比上喙长，这样使得受到的撞击力大多在下颚附近，这样能减缓脑部的冲击力。

第六层保护：为了保护其下颚，防止因撞击而颈椎受损，啄木鸟的舌骨起到了重要作用。啄木鸟的舌骨自鸟喙的下侧开始，左右分叉地绕到颅骨的后侧，继而延伸到上方，并在额头的前方交会，很多人形容它的舌骨像安全带一样保护着颈椎，使其不受损伤。

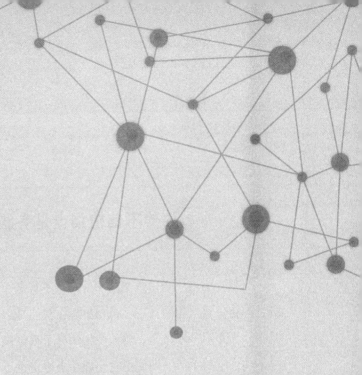

Chapter 04

千奇百怪的植物，
绝对超出你的想象

你信不信植物也是有脑子的?

自然界中植物的出现范围非常广,不管是在寒冷的南极还是在北极圈附近,都会看到植物的身影。植物出现在我们身边,和我们生活息息相关,但是很多人并不了解植物。例如植物的种子很奇怪,同样都是成熟的种子,但是不到一定的季节,即使把它们埋在土壤里也不会发芽。难道它们有聪明的头脑能根据气温的高低和外界土壤的变化而做出选择吗?

一种野生的燕麦和小麦一起成长,成熟期比小麦略早。等到小麦成熟收割时,它早早地就把自己的种子落到土壤里面了。刚成熟的种子在夏天水分充足的时候都不会发芽,但是等到秋天,它又像算计好了时间一样,和小麦一起生根发芽。农民们为了去除这种杂草费尽心思。但是对于野生燕麦来说,自己一年一年地存活下来,这看起来就像是有大脑的表现。难道是因为它们真的有大脑吗?

主流的观点认为大脑是动物的特有器官,它属于中枢神经的一部分,而植物没有也不存在神经,所以植物不可能有大脑。那么是什么原因让植物变得很聪明呢?

植物有更为长久的进化史。据科学家们推算,陆生的植物在4.5亿年前就已经存在演化了。这种演化就是为了适应地球上不同的气候和土壤等带来的影响。例如很多植物的枝干,向阳的一面比较茂盛。向日葵会随着太阳位置的变化而转变方向等,看似是植物会选择会思考的表现,其实这是植物最基本的"趋光性"决定的。植物的根系生在土壤中,从土壤中吸收营养成分供应自身成长,根系能够比较敏感地应对各种物质,会根据周围土壤包括环境变化等状况做出本能的选择和反应。同时也会向外界释放大量的信号分子，来对变化做出应对反应。

英国一家科研机构研究后发现，一个植物或许会拥有一个"大脑"。植物中有一系列细胞承载了类似"指挥中心"的功能。针对自己的特点会制定出生命活动，例如何时发芽，做出关键的指令。这个指令会让自己在最好的时间段内占取发芽优势，使自己在与周围的植物竞争中获得最多的机遇和营养，避免发芽太早会被寒冷的空气冻死，或者发芽太晚又面临被许多发芽早的植物争夺走阳光和营养的情况。这种研究目前还有争议，在不久的将来，植物的"大脑"问题肯定会有一个准确的答案。

树木之间也会有沟通和交流吗？

物种之间的交流方式不同，人类一般用语言来沟通表达意愿，动物通常通过气味、声音和动作以及颜色来交流。那么植物呢，植物也有自己的交流和沟通方式吗？

答案是肯定的。虽然树木之间的沟通不会像人类那样彼此深入交谈，但是它们有着自己的沟通方式。一株高大的植物旁边，别的物种的树经常生长得很慢，但是相同物种或者和这株植物有亲属关系的话，就会长得比较快。

通过研究发现树木也会照顾幼小，如果同类或者有亲属关系的树木生长在自己身边，那么同物种的大树会让出一些土壤来，帮助自己同物种的小树根系能取得更多的营养，给小树的根系留出足够的伸展空间。同时大树会把发达的根系向别的相邻的物种去延伸。

如果相邻的树木没有自己高大，高大的树木会表达出自己的意思，就是如果你想生存，那么就自己想办法长高或者长向别处。所以我们经常能看到大树周围的小树，有时为了争取更多的阳光会把身子长歪了，或者努力把枝条伸展到更远的地方，甚至从大树枝干的夹缝中努力往上长，极力为自己争取生存空间。

这种交谈在蒿属植物间更为明显，这些植物因食草动物带来的压力，会产生一种叫作植物次生物质的东西，这种物质会传给周围相邻的植物，这些植物会逐渐让自己变得口感不好以保护自己。如果周围的植物没有感应到这种植物次生物质带来的信息，那么就极有可能使自己的叶子遭受食草动物更多的损坏。研究证明，植物面对危险时都会发出危险警告。

在众多的植物中，最聪明的是一种叫作怪柳的树木。这种树木会把从土壤中吸收的盐分和水分储藏到自己的枝叶中，等积累到一定的程度后，它会把盐分释放到周围的土壤中。它自己能够在这种高盐分的土壤中存活。这种强制驱赶其他物种的方式就是向其他植物表明，我只接受同类做邻居，其他物种的好坏、存活与我无关。

植物之间的沟通还可通过别的方式，很多植物和土壤的真菌存在共生关系。真菌帮助树木收集水分和营养，树木提供给真菌足够的糖分。科学家分析，当一株植物受到损害时，由无数个真菌形成的巨大的真菌网络会传递危险信息。这些真菌帮助自己的宿主及时传递信息给其他的宿主，不相连的植物即使相距很近也接收不到危险信息。植物在地球上存在了25亿年，优胜劣汰过程中肯定有多种沟通交流方式，这个还需要我们继续探索。

为什么松树总爱"流眼泪"？

"大雪压青松，青松挺且直。要知松高洁，待到雪化时。"这是陈毅元帅作的一首名叫《青松》的诗词，这首诗赞美了青松高贵的品格以及坚忍不拔的气节。但是很多人也开玩笑说，不对呀，我们身边的松树怎么总爱流眼泪呀？仔细观察周围的松树你会发现，在松树上确实经常会有一种结晶的半透明并且有点黏糊糊的物质，看起来就像是松树流出的眼泪。松树为什么会流眼泪呢？

这要从松树的自身说起。松树有很强的生命力，一般的高山上由于气候条件或者山风的影响，很多植物都不容易存活。但是松树有非常发达的根系，松树的叶子也是针状的，不会起到阻挡风的作用，在山顶甚至岩石的夹缝中都会有松树的傲然风姿。为了适应周围环境，保持自身的健康和应对周围的食草动物，松树有自己的防御系统，就是树脂道。

树脂道是指在松树的叶子、根、茎，甚至种子内部有很多细小的管道系统，是树木成长过程中的细胞间隙。这些细胞间隙在松树的体内纵横交错。松树在进行光合作用后，它的分泌细胞会在代谢过程中分泌出松脂。所有的松脂都储存在树脂道中。这种松脂在松树发芽时就开始产生了，并且会一直产生下去。松脂主要是由萜烯类化合物组成的，它在树脂道中是无色透明的油液状态，由于接触到外界的空气和水汽会逐渐挥发变稠，最后就是我们看到的白色或者黄色的固态模样。所以我们才会说松脂流出凝结在树外表皮上就像松树的眼泪。

松树的保护机制又是如何动作的呢？松脂有一种很奇特的味道，会挥发到周围的空气中，一般的动物尤其是食草的动物不喜欢这种味道，所以可以避免发生动物啃食松树的行为。虫害对于树木来说也是破坏力极大的小动物。当有蛀虫进入松木体内时，松树流出的松脂会充盈整个蛀虫洞，这些虫子会因窒息而死亡，松脂保护了树木的安全。不仅如此，松脂还是松树的自我治疗利器，如果松树因外伤而受损，松脂会及时流出，把损伤的部位给紧紧包住。由于松脂本身具有抑制细菌生长的作用，所以松树的内部不容易受到外界细菌的侵害。此外，松脂还可以提炼成松香和松节油，现在很多地方的松脂都被人们利用起来了。

　　由此我们明白了，松树之所以爱"流泪"，并不是因为它不够"坚强"，而是它的一种自我保护机制，也正是在这种自我保护机制下，松树才能够战胜各种恶劣的自然环境茁壮成长。

为什么铁树开花那么难？

一首歌中唱到"千年的铁树开了花，万年的枯藤发了芽"，看来人一生能看到铁树开花也是不容易了，为什么铁树开花就这么难等到呢？

我们先来认识一下铁树。铁树又名"苏铁"，属于苏铁科的裸子植物。铁树原属于热带和亚热带的树种，由于其形状特别漂亮，后来很多地方都有种植。铁树就一根茎干，而且主干笔直，所有的叶片都层层地环列在主茎上。铁树叶子的形状非常漂亮，叶片比较大，质地比较坚硬，形状有点像传说中的凤凰的尾巴，所以有人也把铁树叫作凤尾蕉。

铁树分雌雄，一般铁树长成十年以后就开花了，雌花和雄花不在同株上。虽然铁树叶子的形状比较漂亮，但是开的花没有令人惊艳的颜色。雌花长在雌树的主干顶端，花的形状是球形的，有排球大小。花上面长了很多茸毛，刚开始是灰绿色的，逐渐变成褐色。雄花也一样长在树的顶端，花的形状就如同一个超级大的玉米芯，刚开花时是黄色的，成熟后逐渐变成褐色。铁树的果实比较漂亮，大概2～4厘米，成熟后的颜色呈朱红色，外观光滑，就像一个个红壳鸡蛋，也有人称铁树的果实为凤凰蛋。

铁树不但枝叶坚硬，也是比较长寿的植物，能活200年。铁树的生长特别缓慢，每年自茎顶端长出一圈新叶子。之所以会有"千年铁树开花"的说法，也跟它的寿命有关，但是铁树其实也是会年年开花的。"千年铁树开花"主要指北方的铁树，这种现象确实存在，主要是气温的原因。铁树在南方例如海南、广东等地，基本年年都会开花。

南方的铁树被移植到上海以及苏杭一带时，由于当地的气温比较低，铁树也就没办法年年开花了。至于铁树被移植到天津、北京，甚至寒冷的东北，由于气候条件的变化，铁树能保持正常生存就不错了，所以很难看到铁树开花，甚至有的铁树终生都不会开花。因此老一辈人流传的"千年的铁树开了花"，确实有他们的道理，而且像发财树和芭蕉树这种在南方种植都是能开花的树种，到了北方同样会因为气温偏差导致它们的开花变得非常罕见。

百岁兰真的100多年只长出两片叶子吗？

如果有人说一种植物已经生长了上百年，而且还可以活到2000岁。很多人肯定会想，这种植物一定非常高大，枝繁叶茂的树冠上面不知道能搭多少鸟窝呢。事实是，这种能生长千年的植物，高度不超过30厘米，叶子仅仅有两片。这就是百岁兰，它只靠两片叶子的光合作用就能维持生长上千年。这种只靠两片叶子就可以让百岁兰存活上千年的说法，你敢相信吗？

事实上百岁兰就是这么一种神奇的植物。百岁兰，也叫百岁叶、千岁兰，听名字就知道这种植物非常长寿。这种奇特的植物仅生长在非洲西南沿海的纳米比亚和安哥拉的沙漠中。在沙漠中植物能存活就不错了，所以在沙漠地区不可能出现参天大树。百岁兰生长在沙漠谷宽而浅的谷底内，就像大木桩一样矗立在沙漠中。

百岁兰不能够向上生长，于是把所有的能量都用来延展宽度了。这种百岁兰经常被发现直径达60～100厘米。它仅有的两片叶子也不是想象的那么可怜，这对庞大的叶子对生在枝干的顶端，在枝干的两侧向外延伸，展示着自己的生命活力。叶子靠近茎基的部分不断生长，这部分的叶子也比较厚，越远离茎基的部分越薄。一般叶片的宽度在30厘米左右，长度一般在2～3米之间，有时也能碰到六七米长的叶子。

树叶一般都有生命年限，很多树叶的生命也就几个月的时间。一般桑叶能活130天左右，冷杉的叶子可以活1～2年，紫杉叶子的寿命算是比较长的了，也就6～10年。所有树叶都由生长、衰落，到死亡，只是叶子此消彼长、凋谢交替，对于整体来说，总保持着生机勃勃。

为什么百岁兰的叶子就没有死亡呢？百岁兰终生只有两片叶子，叶子的死亡也代表了整体的死亡。其实百岁兰的叶子也有新老交替，只是它的方式与众不同罢了。在百岁兰的叶子基部有一条生长带。生长带上的细胞有很强的分生能力，它会不断地产生新的叶片组织使叶片不停地长大。叶子的前端最老，新生的叶子会及时补充往外伸展，这就是百岁兰叶子永不凋零的秘密。就是说，百岁兰的叶子像人体的头发一样，最新的叶子在枝干的近端。远处的叶子也许已经长了很多年了，虽然它们看上去就是一片叶子。

　　由于沙漠地区的风沙较大，导致叶片拖在地上产生摩擦，远处的叶片磨损，或者干燥死亡，所以很少看到叶片整齐的百岁兰，一般叶片都是被撕裂成很多的条状。百岁兰的根又直又粗，很强壮，深入到地下，一般能有 3~10 米，以便更好地吸收地下的水分。百岁兰的叶子里有很多特殊的吸水组织，能够吸取空气中少量的水汽。叶子在地面上形成的阴凉也极大地保存了水分，这也是百岁兰存活年限比较长的原因之一。

花儿睡觉是因为困了吗?

人每天都需要睡觉,动物也是一样有自己的睡眠周期。那么植物呢?事实上细心的人通过观察就能发现花儿也是有睡眠的。可是为什么花儿也需要睡眠呢?难道花儿也有感知器官,需要休息吗?

说到花儿需要睡眠,最先想起的就是睡莲,名副其实的会睡觉的花儿,每天在太阳升起的时候缓缓张开花瓣,等到中午时分,莲花开得灿烂无比。夕阳西下,睡莲就慢慢闭合,进入了休息状态。这一觉,睡莲睡得真香甜,等到第二天的太阳升起才睁眼睛起床。

难道莲花真的需要休息?睡莲难道也有自己的时钟机制,能做到日出而醒、日落而闭?研究后发现睡莲不是真的在睡觉,而是因为阳光照射使睡莲花有规律的开放和闭合。

当太阳升起的时候,由于莲花花瓣对温度特别敏感,温暖的阳光照在花瓣的外侧,会使花瓣外侧的生长变得缓慢。相对地,这时花瓣的内侧层生长较快,随着温度的上升就能看到整朵花都伸展开来。等到中午太阳直射时,睡莲的花就伸展出一个很大的圆盘的形状了。

到了下午,光照的方向改变,此时莲花花瓣的内侧温度高、外侧温度低,所以就会出现内层生长缓慢、外层伸展的现象,整朵花看起来就出现了闭合的状态,在我们看来就好像睡莲睡着了一样。这样做的好处就是防止夜间温度过低导致花蕊受到损伤。

路边最常见的蒲公英,每天早晨就会打开花瓣。金黄色的花瓣像一个个小型的菊花,鲜艳的颜色即使离很远都能看见。这种花也是白天盛开晚上闭合，白天盛开是为了吸引周围的飞虫替自己传播花粉；到了晚上气温降低，闭合起来则是为了保护花朵不受低温的侵害。再者，晚间有露水，如果开花很容易流失花粉，植物虽然不会说话，但也是经过一代代进化而来的。

相反，有很多花是晚上开花、白天闭合的，例如夜来香。很多人不明白为什么夜来香会选择晚上开花，是花儿怕阳光，还是什么原因？其实这与夜来香的祖籍有关，夜来香的祖籍是亚洲的热带地区，那里气温比较高，白天基本没有飞虫进行活动。到了气温稍低的夜晚，很多飞虫才会飞出觅食，所以夜来香只有在夜间开花才能使自己的种子得到更多的受孕机会。

再者，夜来香的花瓣上有特殊的气孔，这种气孔在空气湿度大的情况下会开得很大，夜间的湿度比白天高，这时夜来香的芳香油就能更多地散发出来，香气越浓郁，就越能吸引更多的飞虫。这种晚上开花的习性实际上都是世世代代的环境因素造成的，这些植物为了自身的繁殖才会出现花开以及闭合。

总而言之，花看起来像睡觉的闭合，其实都是植物的一种自我保护机制。在光线、气温、湿度以及生存环境的影响下，植物做出的应对措施，都是为了自身的生存和延续。

为什么植物的种子会休眠？

植物的叶子会睡觉，花儿会睡觉，同样，植物的种子也会睡觉也会休眠。可是种子为什么要休眠呢？休眠的时间又有多久呢？

动物的休眠是为了适应外界环境的变化。种子的休眠则是为了自己能够在合适的时间生根发芽，为了自身生存。

一般情况下，种子成熟后，在温度、湿度和氧气都适宜的情况下，还不发芽，就是种子在休眠。一般来说，种子产生休眠的原因有两个：一个原因是种子的种皮或者种壳未遭到破坏，里面被包裹的种子不透水、不透气，所以不能发芽；还有一个原因就是表面上看种子好像成熟了，其实种子的胚还未发育完善，需要从胚乳中吸收养分继续发育，而且种子还需要刺激发芽的激素或者萌芽的物质才能发芽。像银杏、人参等的种子就是这类情况。

其实种子休眠也是为了躲避周围恶劣的自然环境，很多果树的种子例如苹果、梨以及橘子的种子在寒冷的冬季休眠，这样就避免了种子发芽后被冻死的可能；还有例如干旱地区的仙人掌的种子会避开干旱的季节发芽，同样是为了自身的生长安全。

种子的休眠期会有所不同，科学家曾经找到了一颗休眠两千多年的海枣树的种子，在对它解除了休眠状态后，这粒种子依然能够正常地发芽生长。植物的休眠是在长期的系统发育过程中一种适应外界环境的行为，通过休眠把种子发育调到最佳时间，以及尽可能地扩大自己的生长范围。

棉花是花吗?

大家都知道棉花用来做棉被和棉衣会非常暖和。虽然现在出现了很多新的保暖物品,例如羽绒、鸭绒、人造棉以及羊毛制品等,但是棉花的天然保暖性还是别的物品无法代替的。那么,棉花真的是花朵吗?

棉花是一种灌木状的农作物,咱们通常说的棉花并不是棉花开的花,而是棉花籽外面包裹的一种植物纤维。

在国内棉花能长到1.5米高,而热带的棉花品种最高能长到6米高,两层楼房高的棉花像小树一样。棉花的花刚开始是乳白色的,然后颜色逐渐变为黄色和深浅不同的红色。在棉花种植比较广泛的地区,大片的棉花一起盛开非常壮观。

棉花的花朵凋谢后会留下绿色的小蒴果,也就是大家俗称的棉铃。棉铃内包裹的就是棉花的种子——棉籽。棉籽的表皮会长出一些细小的茸毛,随着时间的推移,棉铃慢慢长大,这些小茸毛纤维就塞满了棉铃内部。

棉籽成熟后,这种茸毛纤维就会越来越多,最后把棉铃都给撑破了。这种茸毛纤维也就是咱们常说的棉花。其实,棉花是为了保护自己的棉籽从而长出来的植物纤维。大多数的棉花是白色或者乳黄色的。

植物纤维在很多植物中都有体现,例如麻和竹子等。这种植物纤维在现代生活应用中极为普遍。用植物纤维做成的物品,因纤维的舒适度和更能体现环保理念而风靡当下。

为了提高棉花的产量,科学家把棉花进行了杂交和转基因培育。现在棉花的颜色变得多重化,出现了很多彩棉花。市场上很多贴身的内衣,都是彩棉加工做成的,因为其不需要后期染色,更为环保和健康。

你信不信水果都是自动愿意变好吃的？

很多人去买水果通常会问，水果甜不甜？确实很少有人喜欢吃较酸的水果。我们会发现，大多数水果上都是比较甜的，像苹果、梨、香蕉、桃子、橘子等，都含有大量的糖分。不甜的水果只占很小的一部分。有人认为，它们是自愿变得那么甜的，这就是在杂交和人工培育之前也能吃到甜美的水果的原因。这种说法你敢相信吗？

其实这个问题反映了植物的生存法则。在最早的人类社会，种植业不发达甚至还没有成形。人们靠男人打猎，女人采摘果实充饥。因为比较甜的水果更美味，然后水果就多了更多的机会被人将种子带到更远的地方，所以植物为了自己的种子能传播得更远，会主动迎合人类，尽量让自己的果实生得比较好吃。

后来随着社会的发展，较甜的水果得到了广泛种植，还出现了嫁接、优选以及现在的杂交水果技术等等。所以大量较甜的水果被一代代传了下来，一些没有改变的果实因为比较难吃就会被淘汰掉。

同样为了增加生存机会，植物还会把自己果实的颜色生得很鲜艳，让人很容易就发现，所以人们常吃的水果基本都是优选后较甜的水果。如果去采摘野生的果子，你就会发现它们大多没有人工培育的甜。因为野生的水果没有人工干预，基本上都是自身或者动物以及鸟类帮助繁殖的结果。但是你会发现，所有的水果在不成熟的时候基本都是酸涩的，其实这也是植物的一种自我保护机制，避免了自己的种子还未成熟就被吃掉的风险。

你听说过树能产生蔗糖吗？

我们食用的糖，一般来自甘蔗或者甜菜，所以每年的甘蔗产量也影响着蔗糖的价格。但是你知道吗，世界上还有一种会产生糖分的大树。

糖槭树是世界上三大糖料木本植物之一。糖槭叶也是加拿大的标志，加拿大国旗上的图案就是糖槭叶。糖槭的树干可以高达40米，直径1米左右。和别的树木不同的是糖槭的树龄超过15年时，就可以在其树干上打孔并插上管子，用来采集糖槭树汁。这种树的树液中含糖成分很高，一般都在0.5%～7%之间，甚至有的达10%，所以这种树汁经过加工就可以做出砂糖。

一棵树就有如此高的含糖量，加上每棵树基本上可以采集50年到100年的树汁，可以说一棵树就是一个小小的糖分供给站。人们将这种产自树上的糖叫作枫糖，它的主要成分也是蔗糖。在甘蔗提取糖分技术出现之前，枫糖在市场上可谓一度风光，在食品加工业被广泛使用。

糖槭树在树木的种类上属于槭树科槭树属，在我们国内，这类树木很多，但是目前没有发现能产糖的槭树。现在由于大家发现了糖槭树不但能绿化环境，而且树身高大，成长后的木材也能正常使用，所以我国多个地方都在推广种植，等到不远的将来，我们将会看到一棵棵会产糖的糖槭树就生长在身边。

黄花菜是花还是菜?

黄花菜，顾名思义，不就是开黄色的花的一种菜吗？黄花菜在一些菜或者汤中经常用到，可是很多人都不明白它到底是花还是菜。你觉得它到底是花还是菜呢？

黄花菜也叫金针菜，除此之外它还有很多其他的名字，最古老的一种名字叫作忘忧草，还有文艺范的艺名叫作萱草。在康乃馨成为母亲花代表母爱之前，萱草是中国的母亲花。它是百合科的一种多年生植物，所以记好了，黄花菜是花不是蔬菜。

黄花菜一般高度在30～50厘米，根部的形状像纺锤。它最初的颜色是淡黄色，等到成熟变老，颜色逐渐变深成为红褐色。黄花菜的花葶比花叶要长一些。花葶直立向上，有很多分支，叶子狭长，像吊兰一样四周分散。黄花菜的花朵比较多，比较茂盛者，能达到100朵以上。枝叶漂亮，花朵鲜艳，一片片的黄花菜种在一起，非常漂亮。

黄花菜在中国的种植已经有两千多年的历史了。近年来，由于一些园艺爱好者把它进行了杂交，目前萱草也有一万来个品种。其实萱草不完全等于黄花菜，黄花菜仅属于萱草的一种。黄花菜是萱草中开花比较小，而且是花朵能吃的一种。

黄花菜的全身上下都是宝。它的根入药，可以止血止痛、清热解毒，对牙疼、腰疼以及淋巴结核都有疗效，还能治疗蛇咬伤，为中华的中医药作出了伟大贡献。黄花菜的叶子富含营养，可以当作牲畜的饲料。遇到心灵手巧的人，老叶子还能用来编制工艺品。它的花还在厨房占有一席之地，味道鲜美，营养丰富，富含糖、蛋白质、维生素C、胡萝卜素、钙和氨基酸等多种人体需要的物质。

很多人看到这里心想，下次看到黄花菜多采些回来吃。但是要注意，新鲜的黄花菜有毒，不能直接食用。这是因为在新鲜的黄花菜里面含有一种叫作"秋水仙碱"的物质。这种物质经过肠胃的消化吸收，在体内被氧化会产生一种叫作"二秋水仙碱"的有毒物质。所以一般新鲜的黄花菜会经过开水焯，晾晒干后再食用。这样就能去掉"秋水仙碱"这种有毒物质。

当然如果你迫不及待地想尝鲜，那就焯水后把黄花菜在清水中浸泡至少3个小时后再食用，这样比较安全。黄花菜对土壤的条件要求不高，在全国很多地方都可种植。由于营养丰富，每年还有大量的黄花菜远销海外市场。

无籽水果是避孕药种出来的吗?

现在市场上的水果种类非常丰富，很多国外品种在市场上也经常能买到，其中不乏有大量的无籽水果。无籽水果的出现很快受到了好评。对于懒人来说，吃葡萄不吐葡萄皮很简单，但是葡萄籽总不能咽下去。现在好了，市场上已经有了无籽葡萄、无子西瓜、无籽蜜橘等等。这种水果的出现，方便了很多懒人和儿童家长。

尽管无籽水果比一般的水果价格要贵一些，但是每次喂孩子吃水果挑去很多籽也是很麻烦的事情，所以无籽水果大受欢迎。但是也有很多传言，据说无籽水果是用避孕药种出来的。这种传言一经传开，很多人就开始担心健康问题。那么，无籽水果真的是用避孕药种出来的吗？

咱们常吃的水果基本上都属于被子植物的果实，是植物界最高级的品类。植物的果实其实就是为了更好地保护和传播里面的种子。植物开花后，花的子房发育成后期的果实，胚珠发育成种子。在有籽水果中，如果种子中的胚珠发育不全或者不发育，无法产生足够的激素，就会造成子房的萎缩和脱落，无法长成后来能吃的水果。植物中的激素种类很多，其中生长素和赤霉素对植物细胞的分裂和生长以及果实的发育都起着至关重要的作用。从植物的萌芽，到控制植物的雌雄以及种子的果实都是在激素的影响下生成的。

无籽水果其实就是在水果的成长中，在不影响子房发育的情况下控制种子的发育。经过这种处理之后，就能出现无籽水果，所以人们一般就从三个方面着手培育无籽水果。第一，通过杂交手段，让种子不能正常发育，同时通过一些刺激让子房能够继续生长。第二，对刚结果的水果使用一些激素，这种激素会抑制种子的发育，但是同时能促进子房的发育，从而得到优良的无籽水果。第三，一些水果天然形成的果实就是种子发育不完全或者种子不育的，所以采用人工帮助这类水果进行优化或者通过嫁接等手段，使其产生更多地无籽水果。

不要听到激素就闻之色变，其实在植物的正常生长中都离不开激素。激素也是植物自身代谢产生的一类有机物质。植物和人类一样，自身都有多种激素，不同的激素在生长、发育以及成果的过程中起到不同的作用。这种植物激素对人体无害。

再者，虽然避孕药确实含有激素，但是避孕药里面的雌激素和孕激素只会被人体相应机制识别。对于植物来说，它们根本不清楚也不会识别这种动物激素，因此避孕药无法起到给植物避孕的功能。

所以大家看到无籽水果请放心食用，它们和避孕药没有关系。人类的避孕药不可能强大到给植物避孕。而植物自身的植物激素含量一般很低，对人体来说不会有任何危害。

圣女果真的是转基因产品吗?

现在市场上的水果五花八门。颜色鲜红、外观小巧、口味香甜可口的圣女果一经上市,就得到了很多人的喜爱。圣女果也叫小番茄,和茄子一样,都属于茄科植物。它既属于蔬菜也属于水果。但是很多人看了圣女果后也有自己的担心,担心圣女果是在原来的番茄的基础上利用基因技术把个体变小了。有人说小朋友吃圣女果个子会长不高,还有人说圣女果是转基因食品会致癌,一时间传闻四起。那么圣女果真的是转基因食品吗?

公元前500年,番茄最早出现在南美洲,那时候它的名字是樱桃番茄。看字面意思就明白,当时的番茄个头很小,之前只不过是花园里用来观赏的一种漂亮植物。直到16世纪才有人把这种漂亮的植物带回欧洲,因为之前有人说番茄是有毒的、不能食用的观赏植物。所在过了一百来年,才有人冒着生命危险去尝了这种危险的果子。

从开始发现番茄直到发现它能吃,中间花了差不多两千年的时间。人们发现番茄不但没有毒,而且还酸甜可口、非常美味时,番茄才受到重视,在世界各地广泛种植。由于番茄的个头小、产量低无法满足人们的需求,所以很多人为了把番茄的个头增大而不断地对番茄进行杂交培育。现在出现在我们餐桌上的大个头番茄就是经过人工培育后的番茄。

番茄变大了以后,更多的是被我们当作蔬菜。这时就有人想起原来的樱桃番茄,如果把这种小点的番茄当作水果来种植,效益应该也不错。所以现在的圣女果就是在原来的樱桃番茄中间找到味道较好的,然后把这种果子再通过杂交培育出来的新品种。这种圣女果的DNA序列分析的结果也能证明其确实就是最原始的番茄品种。

　　转基因的番茄虽然也已经培育出来，但是国家并未批准进行大面积的种植。国家批准国内可转基因种植的只有棉花和番木瓜。所以如果看到清香诱人的圣女果，就放心大胆地食用吧。

植物也会自己催吐吗？

人和其他的动物在吃多了或是在吃得不舒适之后，都会引发呕吐机制，把吃下去的食物再吐出来。那么植物也会这样吗？植物一般从土壤吸收养分和水分，会不会因为喝多了水也往外吐呢？

实际上植物喝多了水也会往外排出，这种现象叫作"叶片吐水"。有经验的农民经常通过叶片吐水现象来判断植物的生长是旺盛还是羸弱，因为根系越发达的植物，吐水现象就会越明显；根系不发达的植物，也不会发生吐水现象。

"吐水现象"中"吐"的并不是露水，如何分清叶片吐水和露水呢？叶片吐水和露水一样都是出现在夜晚，直到太阳出来气温升高也就随之蒸发了，不仔细观察是看不出来的。露水是由于夜间和白天温差大，空气中的湿气重，水汽凝结在地面上或者邻近地面的物体上，形成小水珠，露水一般在春夏秋都会出现，冬天就是以下霜的形式出现。

其实只要仔细观察，露水和叶片吐水还是有所不同的，叶片吐水产生的水珠一般在叶片的叶尖和边缘部分，这种水珠一般较大。叶片吐水这种现象一般在雨水比较多、气温较高的时间段才出现。白天由于气温高和叶片的蒸腾现象，一般都看不出来吐水现象。

到了夜晚，由于土壤中水分高、夜间温度较白天低、无风，植物的根系也同样比较活跃，在周围水压比较高的情况下，根部就会吸收大量的水分，在白天这些充足的水分因为气温高和太阳照射很容易在叶面进行水分蒸腾，维持植物本身的水分平衡，但是夜间叶子表面的气孔关闭，无法进行蒸腾作用，所以多余的水分会从叶子边缘处给挤出去。这就是植物的叶片吐水。

植物的品种不同，吐水现象也会不同。像爆竹柳和热带的雨蕉，它们的叶子吐水现象就非常明显，即使在白天也能看到滴滴答答的水珠往下掉。对于北方的植物来说，像马铃薯、西红柿以及草莓等的叶片吐水现象会比一般的植物明显。

"风流草"会跳舞是因为"风流"吗？

有能听见音乐且乐感较好的动物，会跟着音乐摇摆。但是你知道吗，自然界中也有会跳舞的植物，它们被称为跳舞草。它们还有很多别名，风流草、情人草以及舞草等等。它是世界上唯一能根据音乐或者声音产生反应的植物。那么，这种被叫作"风流草"的植物会"跳舞"真的是因为它风流吗？让科学来给我们解释缘由。

这种珍贵的植物在我国的南方地区有分布，一般生长在旷野或者灌木丛中。跳舞草属于直立小灌木，一般能长到1.5米左右，其叶子是三出复叶，中间的叶子较长，两侧是对生或者单生的小点的叶子。在阳光较好的天气，跳舞草两侧的小叶子会慢慢地上下摆动，有时候会一起向上举起，有时候会一起向下摆动，或者一片叶子向上，一片叶子向下，它的叶片能旋转180度。

这曼妙的身姿就像绿色的蝴蝶一样。如果在跳舞草聚集的地方，很多的叶片同时在旋转舞蹈，看起来会让人不禁感叹大自然真的太奇妙了。据科学家观察，气温达到10摄氏度时，跳舞草就会慢慢旋转，等到温度上升到30摄氏度时，小叶子跳舞的速度变快。即使在阴天，只要气温高，跳舞草会跳舞。但是跳舞草也不是一直跳舞，等到傍晚时分，这些在阳光下舞蹈的精灵会把叶子垂下来，垂下来的叶片就像一把合起来的小刀。

曾经有专家对风流草研究后认为，跳舞草小叶片的叶柄处的细胞内有一种特殊的海绵体，这种海绵体对声音的共振比较敏感。跳舞草翩翩起舞的原因应该主要与温度、阳光以及一定节奏节律和强度下的声波感应有关。一般情况下，跳舞草白天跳舞活动是为了接收更多的阳光，更好地进行光合作用。晚上下垂则是为了保存一些能量不被消耗掉。其实晚上时叶子也不是完全下垂，只是跳舞的速度会很慢而已。对于上面的科学分析也有人提出异议。到目前来说，还没有人准确解释为什么这种植物会跳舞。

植物也会自己搬家，你知道吗？

俗话说，人挪活，树挪死。就是说人在境遇不好时可以转换思想，会有转运的可能，但是树不能随便乱动，乱动就容易死亡。这句话也不完全对，在这个世界上，没有最惊奇，只有更惊奇的事情——一些植物自己会走路移动搬家。对于植物自己搬家这件事，你怎么看呢？

我们先来认识第一种会自己移动的植物——卷柏。卷柏是一种蕨类植物，它别名又叫作复活草或者九转还魂草。听名字就知道，它有很强的生命力。卷柏是可以移动的植物，喜欢在水分多的地方生长。

如果生长的地方水分变得不足，那么卷柏就会把自己的根从土壤里面拔出来，然后把整个身体蜷缩成球状。遇到有风吹来的时候，由于自身比较轻，卷柏就会随风滚动。如果到了自己满意的地方它们就会打开身体，把根扎进土壤，在此继续生长。但是如果后期这个地方不再合适，它还是原来的招数，继续把自己卷起来，把命运交给风，继续寻找下一个水源充足、适合安身的地点。

卷柏不但能行走，还有一个绝招，就是在缺水时可以假死，让自己的身体进入休眠阶段，整个新陈代谢几乎全部停止。令人吃惊的是在日本有位科学家发现，用作植物标本的卷柏在时隔11年后遇到水竟然恢复了生命，全身的细胞再次激活成长。

行走植物界比较有名的还有风滚草，这种植物一般生长在荒凉干燥的戈壁滩上。到了秋天，风滚草会把自己的枝条都向内卷曲，变成一个球状体。秋风稍微大点的时候，它们就会脱离原来的根部，随风移动。这种植物很执着，即使在大风的天气，也依然前行，直到遇到适宜自己的地方才会停止移动。等春暖花开时，风滚草就生根发芽，但是到了秋天它们还是会继续寻找下一个适宜的地方。感觉它们像流浪者一样一生都在流浪。在美国的东部和西部，同样也有会搬家的树，叫作"苏醒树"，这种树同样也会选择适合自己的环境来安家。

其实植物的这种自主搬家，也是为了适应大自然的残酷环境，进化而成的自我防卫和自我保护的一种行为。

为什么植物也会害羞?

说到植物也会害羞，很多人会想起含羞草。含羞草是观赏性极高的植物品种。含羞草有长长的叶柄，每个叶柄的顶端分出四根羽轴，每个羽轴上生长着两排椭圆形的小羽叶，整个羽轴看起来像鸟类的羽毛。每到盛夏时，含羞草都会开出粉色的花，就像一个文文静静的小姑娘，很是雅致。如果有人轻轻碰到它的叶片，含羞草就会害羞地把叶片紧紧闭拢。是什么原因使含羞草害羞得叶片闭合、叶柄下垂呢?

原来含羞草最早生长在美洲的巴西，巴西当地的天气很容易有大风大雨，而含羞草的叶片柔美，平时展开面积较大，如果不把叶片闭合，很容易在狂风暴雨的吹打下受伤。这也是植物适应外部环境条件的一种进化。

在植物的进化过程中，含羞草的叶柄基部有一个叫作"叶枕"的膨大器，叶枕内有很多的薄壁细胞。这种薄壁细胞对外界的刺激非常敏感，稍微感知到外界的触动，薄壁细胞内的细胞液就会流向细胞间隙，从而使叶枕下部细胞间的压力降低，所以看起来就出现了叶片闭合、叶柄下垂的情形。不过这种下垂一般一两分钟后就又恢复了原状。

有人做过实验，如果用手轻轻触动叶片，含羞草就仅受刺激的一部分会出现闭合现象;如果刺激比较大，那么整株就会出现叶片闭合的现象;如果去频繁地拨弄含羞草，含羞草也会出现无动于衷的情况——那是因为接连不断地刺激流失了一定的细胞液，自身还没有得到及时地补充。

其实植物的各种习性都是为了适应周围环境所做出的保护机制，含羞草的叶子会闭合同时也应对了一些食草动物，如果动物看到含羞草的叶片、叶柄会动，一般会警惕地走开。这样含羞草就多了一些生存概率。

不会光合作用的菟丝子怎么活？

大多数的植物都是靠叶子和阳光进行光合作用，从而获取养分来维持自己的生长。但是菟丝子这种有特殊结构的植物，它不但没有绿叶，甚至连吸取水分和营养的根系都退化了。那么菟丝子是怎样生存的呢？

菟丝子是田间的杂草，属于攀缘性的植物，一般容易生长在豆类、棉花、荨麻等农作物的旁边。它一般春天发芽，钻出的细芽会四处伸展，若碰到身边的植物就会紧紧缠绕不放。它们会顺着宿主的主干或者枝叶不停地生长，在菟丝子的茎中会伸出一个个的小吸盘。这些小吸盘渗入宿主身上，与宿主的维管束系统相连接，这样菟丝子就可以获取宿主的营养和水分。

得到宿主的营养后菟丝子会极速生长，这时它们的根系会退化，叶子也同样退化成半透明的鳞片。这些鳞片更加牢固地把自己和宿主连接在一起。宿主这时就要供给两个植物所需的营养及水分，被层层缠绕的宿主此时会很辛苦，一般会导致农作物减产。然而对于菟丝子来说，得到了营养和水分就能很快地开花结果，其生命力顽强，一棵草能有三万粒种子。

菟丝子不单单在农作物上缠绕，很多的景观植物或者大树都是它寄生的对象。它不但吸取寄主的营养，还会传染一些病害。如果菟丝子吸了患病害植物的汁液，它会传染给别的健康的植物。事情都有两面性，令农民伯伯讨厌的菟丝子，因为有补肾益精以及养肝明目的药用价值，现在也在扩大种植。

绿潮也能泛滥成灾吗？

植物的光合作用给人类提供大量的氧气，但是一些泛滥成灾的藻类地出现却给人们的生活带来了巨大的麻烦。富营养化的水体造成藻类大规模、大范围快速增长，从而引起水体变色的有害生态现象，就是绿潮。

全世界大约有大型的海藻6500种，能引起绿潮的有几十种。绿潮出现时很多水面就变成了草原。藻类是最古老的植物，藻类在自然界也起到重要作用，它们在光合作用下释放大量的氧气改善着空气质量；还有很多蓝藻藻类如发菜、地木耳以及螺旋藻等是人们在餐桌上经常吃到的美味。

石莼、浒苔等绿藻生物体本身并没有毒害，它们这种单细胞藻类个头小，表面积大，吸收营养就会特别快。因为这种藻类很容易死亡或者被动物给吃掉，所以它们具有非常惊人的繁殖能力。就拿石莼来说，三天就可以长成一个新的个体。

水体富营养化就是在人类现代化工业活动的影响下，大量的氮磷等营养物质进入江河湖海等水体。在水面流动比较慢的地区，藻类就会繁殖更快。大量藻类遮住了水底的阳光，使大量的水底植物无法进行光合作用。有的海底藻类还会释放大量的有毒物质，从而使水中的含氧量降低，水中的植物长期得不到阳光会引起死亡，死亡植物的分解加重了氧气的减少，从而使生活在水里的鱼类以及两栖动物死亡。大量的水藻有生有死，水面上会发出腥臭的气味。

工业社会的出现便利了人们的生活，但也同时破坏了大自然的平衡，国家每年处理绿潮现象投入了大量的人力、物力，到目前为止，还没有有效的方式去化解绿潮危机。

你见过会吃动物的植物吗？

食草动物很常见，但是说起食动物的植物很多人表示很奇怪。植物没有手、没有牙齿，不会走路、奔跑，靠什么来捕捉动物呢？不过这种会吃动物的植物确实是存在的。我们来看看这些植物到底为什么会这么神奇。

在自然界中，吃动物的植物大概有500种，其中比较出名的有猪笼草、眼镜蛇瓶子草、食羊树、扑蝇草和娃娃眼等等。这些食肉的植物不像其他植物一样安静地进行光合作用，它们一般生长在条件比较恶劣的环境中，不是土壤贫瘠、营养不够，就是简单的光合作用不够维持生命的生长和延续。

猪笼草属于热带食虫植物，它拥有独特的吸取营养的器官。它的叶片中脉伸出去变成卷须，卷须的顶部有一个瓶子状物体。在瓶子的上方还有一个盖，这个能自主开关的盖是为了吸引周围的小虫子。瓶子的内壁会分泌出一种香甜的蜜汁，以吸引周围贪吃的小虫子爬过去。

猪笼草的内壁比较光滑，贪吃的小虫子不小心就会跌落在瓶底，这时由于瓶底有黏液，虫子就会被粘住，然后被猪笼草消化。眼镜蛇瓶子草生长在盐碱贫瘠的荒地或者沼泽地带，同样为了补充营养，它们也会把周围的虫子吸引到瓶子内部进行消化，为自身提供生长所需的养分。

植物吃掉动物不但发生在陆地，在水下也有在发生。狸藻一般生长在湿地、池塘，在热带雨林的苔藓上也能生长。水里的狸藻吃掉动物根本不费力气，狸藻气球状的陷阱口有一束束刺毛。经常有周围的小生物在受到惊吓或者躲避天敌时会把陷阱的门给打开，这时陷阱里面原来无水的捕虫囊就连同小生物一起吸进陷阱，这些可怜的小生物就被狸藻捕虫囊内壁的腺体分泌液消化。等到消化吸收后，捕虫囊会把囊中的水和猎物的消化残体一同挤出体外，这时捕虫囊又回到了原来的状态，开始等待下一个猎物的到来。

　　植物捕食动物的习性是经过漫长的历史进化而来的，中间它们是怎样被迫进化的，人们暂时还无从得知，而且植物用自己特殊的消化吸收系统是怎样消化吸收这些动物的，这又是一个复杂的课题。但是咱们要了解的是，植物不再是简单地被动选择，有些植物具有侵略性，也会杀死动物。

水果真的分雌雄吗?

　　随着生活水平地提高，人的口味越来越挑剔。很多人去买水果，结果回来后发现相同品种一起挑好的水果，为什么有的口感好，有的却没有水果应有的香味呢？说起这种事，就会有经验者告知，水果分雌雄——同样一批水果，一棵树上结的果实也会因为雌雄有别而使味道有极大不同。这难道会是真的吗？

　　在区分水果的雌雄上，有人总结了很多经验，这些在吃上面比较上心的人总是能找到较好的挑选办法。夏天到了，很多人都会买西瓜，这种大点的瓜果很多人都不会挑，看着形状基本差不多的西瓜，根本看不出区别。有经验的人会告诉你，在西瓜的瓜蒂对应的另一头有一个圆形的圈圈，俗称肚脐。"雌西瓜"的肚脐比较圆，"雄西瓜"的肚脐较小或者看起来就是一个点点。两者相比较，雌西瓜比雄西瓜甜、口感好。

　　还有最为常见的苹果，苹果的雌雄主要看果蒂的大小，果蒂较大的是雌苹果，这种苹果薄皮多汁，口感好。反之，果蒂较小者是雄苹果，这种苹果的果皮较厚，果肉也不如雌水果美味，口感酸涩的概率较高。橘子在雌雄的区分上和苹果一样，都是看果蒂。

　　橙子的雌雄最容易区分，因为雌橙子的肚脐非常明显，这种雌橙子里面经常还会有副果，吃起来酸甜可口，汁水丰富。如果买了小肚脐，就是顶端呈尖状的橙子，多半皮厚肉少。梨子的雌雄区分也极为直观，看顶部深浅，较深者为雌性，较浅或者顶部稍尖的是雄性。

　　这些日常的小窍门在电视上也做过实验调查真伪，确实通过这些方法能区分出味道的不同，但是据专家分析，水果是不存在的雌雄的。水果的口感多与气候、温度、土壤和管理等因素有关系。水果的品种、产地、形状和日晒的不同都会造成水果的口感不同。看来人们只是把水果口感的区分称为雌雄而已，而不是真的就有雌水果或者雄水果。

坚强的胡杨是怎么活下来的?

到了秋季，很多喜欢摄影的朋友都喜欢去新疆，因为那里有美丽的胡杨林。胡杨树一般生长在沙漠的河流两岸。在我国的新疆南部塔克拉玛干沙漠之中，就有延绵数百里、宽度几十里的胡杨林，大片的胡杨林就像沙漠里面的森林带。这些胡杨林极大地保护了河流和水渠，还给许多的鸟类和动物提供了生存场所。大片的胡杨连接在一起起到了天然屏障的作用，降低了风速，也同时抑制了流沙。胡杨是在沙漠中唯一生存的落叶乔木。在干旱少雨、气候炎热的沙漠中，胡杨是怎样生存的呢？

胡杨树被很多人称为大漠英雄树或者"沙漠勇士"。这种树一般情况下"活三千年不死，死三千年不倒，倒三千年不朽"。这种奇特的生长规律是怎样形成的呢？胡杨树的生命力很强，能够在零下40摄氏度和45摄氏度下存活，极耐高温寒冷，耐干旱，适合在沙土中生长。在沙漠中耐干旱不是重点，关键是胡杨树还有耐盐碱性的特长。

在胡杨树还是幼苗时，它的叶子像柳叶一样细长。等到它长大时，叶子就又长出像杨树一样的圆形叶子，奇特的是两种叶子都在一棵树上存在。胡杨的叶子和枝干还能把根系吸收上来的多余的盐碱排出，形成大家称为"胡桐泪"或者"胡桐碱"的物质，以此减少盐碱对自身的危害。

胡杨树的根系特别发达，向下能扎到地下20米深处吸取养料和水分，侧根能够长到几十米远的地方。胡杨树的根部还有特殊的功能，在周围土壤水分合适的情况下，根蘗繁殖也比较快，一棵成年健康的胡杨树周围会长出很多的次生林。胡杨树的根系保证了水分，它银白色的树皮，也可以反射阳光的照射。胡杨树的叶子上面有层蜡质，一方面也可以反射阳光，另一方面尽量多地锁住水分，减少水分的流失。在胡杨树老化时，它们为了生存，经常会顶端自折，然后把生命力降低到四五米高的地方，这种顽强的生命力也令很多人折服。

木荷树为什么不怕火烧?

常言说水火无情,在严重的水灾和火灾面前,很多人都无能为力。一场森林大火,几百上千年的原始森林化为灰烬。为了降低损失,我们种植了护林带。现在的护林带出现了一种不怕火的植物,就是木荷树。一般来说,树木都怕火,为什么木荷树不怕火呢?

木荷树属于山茶科,木荷属的大乔木。这种树木比较高大,木质坚韧,通常能长到25米高,树冠树叶非常浓密。在浓密的树冠下,很多植物无法进行光合作用,所以树荫下很难有植物能够生存。这样的优势也非常明显,树下没有可以燃烧的杂草,也就起到了防护的作用。

木荷树不怕火烧的重要原因是木荷树的树叶含水量能达到42%左右,就是说,叶子将近一半的成分是水。如此高的含水量,即使在烈火下,树叶也很难燃烧。木荷树的树质坚硬,即使被大火烧掉表皮,树木也不会死亡。经过一段时间的自身恢复,木荷树又能枝繁叶茂了。

木荷开花也非常漂亮,就如一朵朵白色的小荷花。花朵谢了,它的种子非常轻。木荷很容易天然下种,种子随风飘散,落入土壤,自己生根发芽。由于木荷的种种优势,很多森林用木荷树作为防护林带,用来保护森林。

不怕火的树木有好多种,基本上都是树木本身的含水量高的缘故。如红杉树和松树这类树木的外层表皮非常坚硬,万一遇到火灾也是表皮受到损伤,而树木本身不会死亡。烧掉的老叶子会及时长出新叶,整个树木一样能恢复旺盛的生命力。

冬虫夏草是虫还是草呢？

冬虫夏草是种名贵的中草药，与人参、鹿茸一起并称为中国的三大补药。听到它的名字很多人会很奇怪，这又虫又草是怎样形成的呢？冬虫夏草到底是虫子还是草呢？

冬虫夏草的字面意思是冬天是虫子夏天是草。难道它是变异的物种吗？不是的，其实它是一种昆虫与真菌的完美结合体。冬虫夏草一般生长在海拔2800米以上的地方，如中国青海、西藏、四川和宁夏的部分地区。

在盛夏时节，成熟的蝙蝠蛾把成千上万的卵产在树叶、草叶以及花朵上。这些小小的虫卵孵化成小虫子，小虫子钻入很深的地下开始新的生活，这种在地下的生活一般要好几年。

虫子在地下一点点长大，也一点点地往地表前进，希望自己走出地表后结茧变蛹，然后蜕化成蝶。这是蝙蝠蛾期待的幸福生活，但是在它往地表前进时遇到了虫草真菌的孢子，孢子成长后就是菌类。孢子在地下也是着急地找寻宿主，如果没有宿主，没有物体提供养分，孢子很容易就死了。

当虫草的孢子遇到蝙蝠蛾的幼虫时，就如看到了生命的希望，孢子会毫不犹豫地钻到幼虫的体内。得到幼虫的营养后，菌丝就开始在幼虫的体内生长。也会有另外一种情况，就是幼虫吃了带有孢子的树叶，也同样逃不过被寄宿的命运。

幼虫逐渐长大后也想钻出地表，但是由于自身的组织和器官此时被菌丝分解和吸收，蝙蝠蛾幼虫的身体渐渐变弱，最终在将要钻出地面时死去。

等到了初夏万物复苏的季节，这时虫草菌就在幼虫的头部长出3～5厘米高的紫红色的小草，被称为夏草。紫红色的小草实际上也是菌类的实体，菌类的子囊中也存储着大量的孢子。当孢子成熟，随风飘散落入地下，就又开始新的一轮孢子和蝙蝠蛾幼虫的相遇，互杀互生的故事又开始了。

谁见过会发光的植物？

电影《阿凡达》里面有非常美丽的情景，就是森林里有很多会发光的植物。这些发光的植物在黑暗的夜晚里显得格外神奇，难道这种奇异的现象只在电影里面出现吗？大自然中到底有没有会发光的植物呢？

自然界中发光的动物比较多，但是发光的植物却不是很多，一般仅限于细菌类、担子菌类和鞭毛类植物。这些植物一般个头较小，例如有一种会发光的蘑菇叫作蜜环菌就是俗称榛蘑的菌类植物。在黑暗的旷野中，一个个蜜环菌在地上就像一个个烛火一样。还有一种叫作鳞皮扇菇的森林菌类，如果在周围气候比较合适的时候，就如一个个小萤火虫在闪闪发光。至于它们为什么会发光，到目前为止还没有下定论，也许是为了自身的生存而进化出的一种功能。

在非洲有一种叫作"夜光树"的植物，每到夜晚就能看到光亮。有人研究过这种植物，它们的根部含有大量的磷质。磷碰到空气中的氧就能产生光亮。树的明亮程度和树的大小有密切关系，如果树植株小，光亮就不明显；树木高大，就会有明显的亮度。

在古巴有种名字叫作"夜皇后"的花，也是夜间明亮照人。据分析，在这种花的花蕊中有丰富的磷质，闪闪发亮的花蕊，能在夜间招来更多的飞虫为其传授花粉。

其实在这些会发光的植物体内，大多发现了含有磷质、氟化钙以及磷光粉等物质，它们是植物夜间发光的原因。在美国的一家科研公司，据说根据植物能吸收磷质的特性，创造了能夜间发光的植物。希望在不久的将来，大家能看到如《阿凡达》一样的场景。行走在夜间也有发光的植物照明，这将是一幅多么奇妙的画面呀！

盐沼中的盐角草为啥不怕盐？

盐角草，顾名思义，与盐有关系。盐角草就是一种能生长在盐碱地的奇特植物，这种植物能在含盐量高达6.5%的盐沼中繁殖生长。这种草有什么特殊之处呢？

对于一般的植物来说，它们的生长都要受到土壤的酸碱性限制。土壤的含盐量对植物的生长有着非常大的影响，正常情况下，普通庄稼只能在含盐量0.5%的土壤里生存。像棉花、番茄和甜菜等植物能比一般的植物耐盐性稍强一些，但是也在0.5%~1.0%之间。如果土壤的含盐量超过1.0%，就基本没有植物能在这片土壤中成活了。现在国家也在大力发展农业，希望原来不长植物的盐碱地能够长出植物或者农作物造福人类。

盐角草一般高度3~20厘米，叶子不发育多形成小肉枝，植株常发红色。在它的细胞里有特殊的结构，能把吸收的盐分都集中到细胞的盐泡里，控制盐分不散发出来。因为即使它吸收的盐分很高，也不会影响整株植物，所以盐角草是世界上著名的陆生高等耐盐植物。据实验表明，把盐角草的水分排干，烧成灰烬后分析，它的干重中盐分占了45%，盐角草的食盐量之高是其他植物不能相比的。

盐角草的很多功效也被发现，它富含的酶可以分解脂肪和蛋白质，有利于排出宿便，以及分解粘在血管、血液以及细胞组织上的多余脂肪。盐角草萃取物可以用来开发功能性化妆品和环境用品等。针对盐角草能从土壤中吸收盐分，农业专家提议扩大盐角草的种植，就是希望能够改良和减少盐沼中的盐分。用盐生植物来治理盐碱地，这样不但减少人力物力，也能较快地取得效果。在不久的将来，会有更多的盐碱地在盐角草的作用下，都变成良田，用来种植更多的农作物。

高大的竹子究竟是树还是草？

"草发成苑，树茂成林"这种说法自古就有，所以很多人常说这一片竹林非常茂密，就真的以为竹子是树的一种了，但是高大的竹子其实是多年生草本植物，不是树，这是因为什么呢？

竹子的生长和别的植物不同，别的植物都是发芽后往上长，争取早点儿进行光合作用让自己赶紧长大，但是竹子呢，如果种下一棵毛竹，前五年你几乎看不到植物在生长。当第六年的雨季到来时，竹子才会发疯一样往上长，一周能长高十几米也很正常。如果在竹子跟前观察一段时间，你甚至能看到竹子一点点在长高。

竹子长几节是由竹笋决定的，竹笋有几节，竹子就有几节。竹子长高也是节与节之间增长。到了一定的年限，竹子就不会再增长了。虽然竹子能存活一百多岁，但是截断竹子，可以发现其中间是空心的。草本植物和木本植物最大的区别就是有没有年轮。木本植物每长一年年轮增加一圈，竹子没有年轮，所以它长得再高也只是高大的草。

为什么树叶飘落总是背面朝上？

世间万物皆学问。世间没有完全相同的两种叶子。每一种树的叶子都有自己的特点，形状有鳞形、披针形、圆形、菱形、扇形或者肾形等多种不同；颜色也是五彩斑斓，叶片的颜色大多是绿色，还有一部分是黄色、红色、紫色等。大部分的树木都是春天发芽、开花，秋天结果，等到天气变凉，一片片树叶会从树上飘下来。你有没有发现一个奇怪的现象？就是这些落到地上的叶子，大多是背面朝上的，也就是说，大部分的叶子都是正面着地的。这又包含了什么科学道理呢？

仔细观察树叶后会发现，叶子的正面细胞排列得紧密。由于细胞排列整齐，在树叶的生长过程中一般都是叶子的正面正对阳光，这样能接收到比叶子的背面更多的阳光和水分进行光合作用。自然树叶的正面就比背面聚集了更多的叶绿素，在植物学上称之为"栅栏组织"，这样一来叶子的正面就比背面质量大。事物都有两面性，树叶的背面排列相对疏松，植物学上称之为"海绵组织"。同样的大小，根据物理学原因，一般质量大的物体会在下面。所以叶子离开树枝飘落时，一般正面会面朝大地。当然这都是在没有外力影响的情况下的现象，如果考虑到刮风下雨的因素，那就不一定了。

苔藓为什么不喜欢阳光?

苔藓是最低等的高等植物，一般陆地上的植物都是从水生到陆生不断进化而成的。苔藓是从水生到陆生的植物中最简单的，没有花也没有种子，以孢子的形式进行繁殖。我们都知道苔藓只会出现在背阴潮湿的地方，那么，作为植物的苔藓为什么会不喜欢阳光呢? 我们用科学寻找答案。

苔藓的结构非常简单，只有细小的茎和小小的叶片。有的苔藓仅有扁平状的叶状体。它的根是假根，仅仅起到固定自身的作用。简单的结构下，既没有真正用来吸水和输送营养物质的根，也没有维管束。小小的叶片进行光合作用也很有限，所以苔藓最高也就10厘米。

由于自身条件的限制，所以苔藓大多生长在岩石潮湿的背阴以及潮湿的森林和沼泽地带，在热带雨林中许多苔藓还长在树干的背阴处。这样的环境不会造成自身水分的流失，同时苔藓也需要进行光合作用，所以它们需要短时间的阳光照射或者散射。

苔藓选择阴暗潮湿的地方繁殖还有一个重要的原因，就是苔藓的生殖特点。到了成熟的季节，苔藓的生殖器会有精子溢出，精子需要借助水才能游到颈卵器附近形成受精卵，这时受精卵发育成孢子体。在孢子体内的孢子成熟后随风飘散，在适宜的环境中，孢子又开始了新一代的生存。苔藓是自然界的拓荒者，它们能分泌一种可以加速岩石风化的液体，在湖泊与沼泽地带，不断生成和死亡的苔藓，使水域逐渐转化成陆地。

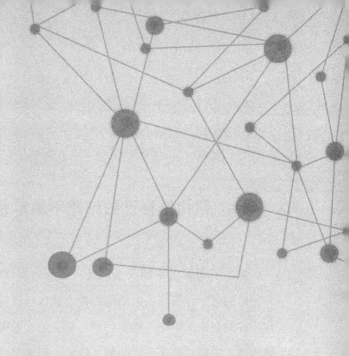

Chapter 05

神秘的内心世界，
我们的心理竟如此复杂

你相信自己的细胞不单单是自己的吗？

大家有时候逗小朋友会问他："你是谁呀？"孩子会回答自己的名字和父母的名字。等到长大后他们都会确认自己就是自己。但是如果有人告诉你，你的细胞不单单是你自己的，你会怎么想呢？自己身上的细胞难道还有属于别人的吗？真相到底如何，我们一起来探寻。

科学家研究发现，一般的成年人大约有10万亿个细胞。人体内微生物的数量是细胞数量的20倍，这些微生物的基因组是人类基因组的至少10倍。看到这些数据，你就能明白自己真的不单单属于自己了，自己居然就是一个庞大的微生物承载体。这些数量庞大的微生物共同拥有我们的身体，它们一般是细菌、真菌和病毒等。这当中绝大多数是有益菌，它们与人体和谐相处、相互适应，形成伴随一生的共生关系。微生物协同合作，共同维护人体的健康。

看到这里很多人开始不舒服了：自己无数次的洗手，每天洗澡、洗头、洗脚等，就是为了让自己更干净，想不到自己无论怎样都是细菌的乐园，想想真是太可怕了。其实不用担心，只有1%的细菌会使人致病，而绝大多数的微生物都是有益菌，甚至有的微生物可以防止病原体引发潜在的病变，这些有益菌在我们的身体上构成了无数个有机生态系统。

有些菌类能帮助人体构筑免疫系统，有些还能影响人体的物质代谢与转化。例如蛋白质、碳水化合物、脂肪和维生素的生成等都有微生物的参与。当有人发生肠胃疾病时，医生会告诉他，他体内的菌群遭到了破坏，所以才会出现腹泻等症状。在肠道内，有厌氧菌、双歧杆菌、消化球菌等有益菌，它们维护宿主的健康。当然其中也有大肠杆菌和链球菌等产生毒素的细菌，它们同时具有生理的保护和致病两个方面的作用。

细菌的分布也有自己的规律，有研究小组研究后发现，男人身上的微生物一般多于女人。这是因为他们汗腺发达，从而更适宜微生物生存。女人手上的细菌多于男人，可能是频繁使用护肤品或者更换护肤品的关系。当然勤洗手的人手上的细菌少于不爱洗手的人，或者使用不同的洗手液，杀菌效果不同，洗手后细菌的数量也有不同。

手拉手会让女人比较有安全感吗？

女人天生感情比较细腻，喜欢表达和分享喜悦。不管是在上学时还是工作后，经常能看到女孩子手牵手一起走。让男孩子很疑惑的就是，哪怕是去洗手间，女人都要手牵手一起走。也许有人认为能一起牵手的两个人感情一定很好，但是据观察后发现，很多女性朋友刚认识也能牵手或者更亲密地在一起聊天。但是如果看见大街上两个男人一起手拉手，大家都会感觉这两个人关系不一般。即使男性朋友间彼此认识很久了，也不习惯甚至排斥对方接触到自己身体。这到底是为什么呢？为什么同样的举动因为性别的不同就会有这么大的差别呢？

没错，在拉手这件事上，男人和女人的态度确实有着非常大的反差。这都跟一种叫作催乳素的激素有关。研究发现，女人身体内的催乳素不但能促进乳腺发育，引起并维持泌乳，还具有兴奋触觉感受器的作用。皮肤是人体最大的器官。全身共分布280万个痛觉感受器，在一定的外界刺激下，脑垂体会分泌大量的催乳素，造成触觉感受器的兴奋，所以女性朋友就比较喜欢拥抱或者被拥抱的感觉。

其实男性体内也有催乳素的存在，但是量比较小，所以触觉感受器不会特别兴奋。还有最重要的一点区别，女性天生皮肤比较薄。男性由于后天原因，在远古时代打猎时需要较厚的皮肤来适应当时的环境，所以他们的皮肤敏感度不高。当大家同样受伤时，女孩子哭哭啼啼的，男孩子基本都是满不在乎，这不单单是因为男孩子忍耐力好，或者更坚强，往往是他们并没感觉到特别的疼痛。当然很多家庭在培养男孩子方面，也常常教育孩子更坚强、不拘小节。

女人天生就比较敏感，婴儿时代，女婴就比男婴敏感。但是并不是说男婴不敏感，婴儿时代，孩子们都希望通过触觉拥抱来获得安全感、认知感，这个时候的孩子都希望和父母进行身体的亲密接触。很多时候他们自己睡觉不踏实，而父母在身边就能睡得很安稳。年幼的男孩女孩子都喜欢手拉手一起做游戏，随着年龄的增长，女孩子和男孩子就变得不同，女孩子的敏感度逐渐增加，男孩子就会慢慢变低。

女孩子在一起喜欢手拉手或者挽对方胳膊，当她们开心时会抱在一起甚至跳起来；不开心时，更喜欢他人拥抱自己，以安慰自己，减轻自己心灵的创伤。如果女人伤心或者痛哭，一个拥抱或者爱抚会让她们的情绪得到缓解，这样她们也能重新获得安全感。然而有时候肢体的接近会让男性朋友以为这是女性暧昧的暗示，但是在女性的心里，这仅仅是表达一种友好接近认可的态度。

爸爸更疼爱像自己的孩子吗？

孩子出生后，大家端详孩子的脸，讨论他到底是像爸爸还是像妈妈更多。从遗传学来看，孩子长得像爸爸或者像妈妈都很正常，但是很多情况是，长相像爸爸的更容易得到爸爸和爸爸的亲戚们的喜爱，长得不管像爸爸还是像妈妈，妈妈和妈妈的亲戚都会喜欢疼爱这个孩子。为什么会这样？出现这样的情况又有着什么样的道理呢？

大家都知道，长相和爸爸相似度越高，就代表这个孩子就是爸爸的亲生孩子。而孩子在母亲体内孕育，无论母亲与哪个男性发生关系怀孕，孩子都是她亲生的，他们间有切不断的血缘关系。

在以前科技不发达的时候，男性都是靠孩子的长相来判断孩子是否是自己亲生的。如果相貌和男性没有丝毫的相似，那么男性内心就会有抵触情绪，潜意识会认为这个孩子不是自己亲生的。人类结婚生子是为了延续自己的基因和老有所养，没有人愿意替别的男人抚养后代。

尽管爸爸们相信即使孩子面相不像自己也有可能是自己亲生的，但是他们心中还是有疑惑，自然就不会把全部的爱和自身资源给予这个孩子。相对地爸爸们会喜欢疼爱和自己相似度高的孩子，他们更愿意花心思和时间培养这些孩子，毫无保留地给予这些孩子最好的照顾和投资，让他们得到更多的财富和资源。在他们看来，如果要确保自己的血脉得到延续，面相相似度是最让人放心的一种确认方式。

现代科学技术比较发达，爸爸们可以通过亲子鉴定来确定自己和所养的孩子有没有血缘关系。但是经济原因和无端地提出做亲子鉴定会影响夫妻及父子关系，很多人并不一定去做。事实证明，爸爸们担心相似度不高的孩子有问题，也是有道理的，根据调查发现，有百分之十至百分之三十与父亲相似度不高的孩子不是他们父亲的亲生孩子。

男人的担忧和疑虑在女人这里是不存在的，她们无论在任何情况下，都是孩子的亲生母亲，也许父子关系会不一定，但是母子关系一定是确定的。所以妈妈们不会在意孩子的长相更像谁。不管孩子像爸爸还是妈妈，出于母性的爱，女性都会毫无保留地关爱和照顾自己的孩子。

经常的情况是，在女性生完孩子后，女方的亲戚和朋友都会说，孩子像极了父亲，虽然有的孩子可能大家都看不出相似，但还是会说和父亲相似。目的是用来确定他们的亲生父子关系，争取孩子得到爸爸的喜欢和照顾。

看书等于催眠吗？

很多人都会有这样的体验：明明自己还处于精力充沛的状态，但是一坐下来看书，过不了多久就会变得恹恹欲睡，眼皮子沉得怎么都抬不起来。甚至还有不少失眠的人，在辗转反侧实在睡不着的时候索性就拿过一本书来看，这种催眠的效果有时候比安眠药都管用，甚至有人戏称：一看书就犯困，那是因为读书是"梦"开始的地方。

但是有些人却不一样，他们沉浸在书中不知不觉就到了东方发白的时候。对于这样的情况，人们都认为那些一看书就犯困的人天生就不爱看书，不是读书的料。只有那些对书爱不释手的人才是将来的栋梁之材。那么，事情真是这样的吗？

在回答这个问题之前，我们先来回想一下我们一看书就犯困的经历。当我们犯困的时候捧在手里的是什么书？多半都是一些比较枯燥的专业书。如果男孩子换成读一本武侠小说，女孩子换成读一本言情小说呢？他们会不会有爱不释手、越看越兴奋的感觉？当然会。同样，那些喜欢学习的人，给他一本他一点都提不起兴趣的书，他多半也会看着看着就睡着的。

由此可见，一看书就犯困的根本原因不在于懒惰，而在于所看的内容能不能激起他的兴趣和注意力。这才是这种现象背后的科学真相。如果人们对书的内容不感兴趣或者是对学习反感，就会在阅读的过程中形成一种抑制性的条件反射，使人的大脑皮层自动进入抑制状态，自然就会感到没有精神了，这跟阅读者是否勤奋没有太大的关系。

所以，如果你一看书就会很快入梦的话，千万不要怀疑自己，只要有意识地调整自己的阅读内容，选择自己感兴趣的书，这样就会在阅读中形成兴奋性的条件反射，如此一来，你很快就会发现，原来你也是个喜欢阅读的人呢。

梦游和做梦有什么不同吗？

网上一段新闻让人很是悲痛，国外一个五六岁的小女孩，在寒冷的冬天发生梦游，自己推开门在室外行走，早晨被发现时已经死亡多时了。梦游和做梦有什么不同吗？

首先必须明确的是，梦游并不是做梦。梦游是人的大脑在睡觉，但是身体已经醒来。"梦游症"也叫"睡行症"，这是一种睡眠障碍，多发生在儿童时期，成年后的人极少得这种病症。

做梦和梦游的区别很大，虽然两者都是睡眠后大脑皮层未完全进入抑制状态，但是基本所有的人都有做过梦。生活的压力加大或者心中惦记的事情都会经过潜意识留在人的大脑皮层中，如果梦见了比较开心的事情，旁边人甚至能听见做梦的人的笑声，或者能看到做梦的人面带微笑；如果梦见比较紧张或者凶险的事情，做梦的人也会哭醒。人睡醒后，基本还能模糊地记得当时的梦境。

梦游，严格地说并不是做梦，就是大脑皮层并未完全被抑制，还有一些处于兴奋状态，所以会发生身体的移动。梦游者进入睡眠后，会在中途睁开眼睛，或者半睁眼睛。在半醒的状态下他们虽然也有可能会做出穿衣、喝水、行走等奇怪的行为，但多半是表情呆滞、行动缓慢地到处行走，遇到障碍物也不知道躲避。

如果这时有人上前打招呼，他们基本就是反应迟钝或者根本没反应。遇到梦游的人，不要强制把他唤醒，最好能够引导他回到床上继续睡觉。如果梦游者醒后，询问他关于梦游中发生的事情，例如半夜穿衣，或者去喝水等，梦游者基本不会有任何印象，不会有记忆。

我们到现在还不能确定梦游的原因，但是有一些会引起梦游的可能。例如，父母有梦游状况的会遗传给后代，或者有人睡眠质量不好，服用一些神经兴奋剂或者抗组胺药物等都有可能造成梦游。一般梦游都发生在沉睡两三个小时之后。在这个阶段人是不会做梦的，做梦一般发生在睡眠较浅的快速眼动睡眠阶段。

做梦和梦游都是睡眠质量不好、压力比较大的表现，适当放松心情，都会有好转。做梦会让人第二天有疲劳的感觉，梦游则会有一定的不安全性。偶尔的梦游只要没有安全问题，心理放松就能自己好起来，严重的梦游可能对自己造成伤害，如果梦游影响了正常生活，建议去检查治疗。

你相信购物能解压吗?

现在社会飞速发展,工作、学习、职场、家庭矛盾等都会给人压力,使人产生焦虑的情绪。每个人的情况不同,解压方式也不同。对于女性来说,购物是最经常使用的解压方式。走进琳琅满目的商场,各种色彩明艳、款式新颖的衣服、鞋子、包等令人目不暇接,女性天生就对这些物品感兴趣,这时脑袋里暂时抛去了烦恼,行走于各个专柜和专卖店之间,寻找自己喜欢或者新颖的东西,之前看上的一直不舍得入手的物品,在这种心态的促使下出手购入,来弥补自己。

入手心爱之物后的喜悦和满足让女性头脑发热,开心不已。这种购物的满足感、成就感会使她们的心情变愉悦很多。对于这种情况,有些人认为购物确实能够缓解压力,是一种不错的心理调节方式。但是相反还会有一些人认为,这就是在为自己的物质化找借口。那么,你的观点呢?你认为购物到底能不能缓解压力呢?

据调查显示,女性在觉得压抑或者有压力的状况下,很容易觉得自己需要弥补或者平衡。例如男女朋友吵架后,很多男朋友会带女朋友去购物,这时基本上女朋友都会变得开心,二人的状态从冷战转向亲密。

依靠购物来解压,需要一个度,如果是之前看上的不舍得入手,此时狠心入手,一边心疼自己一个月工资没了,一边又开心自己得到了心仪的衣物,还能说得过去。需要注意的是人在压力大的状况下,很容易造成思维能力受阻,会花比平时更多的钱来消费。自己入手的东西,能带来控制感的满足,使自己对自己的满意度提高。同时,清醒后往往很多人会很后悔买了太多基本上无用的东西。对严重的购物成瘾的人来说，在有压力或者悲伤时选择购物解压，之后会对入手过多物品造成自己经济压力增大而后悔，或者购买了很多闲置的物品会变得糟心。同理，很多人一直在减肥，但是遇到很糟心难过的事时也会犒劳自己，大吃大喝，最后后悔不已，坚持了几个月的减肥，几天就前功尽弃了。

很多时候我们感觉有压力是因为我们对生活失去了控制感，或者不太满意我们的现状，在购物中可以缓解对现实的失控感。事实是，适度的购物才能解压，暂时缓解我们的压力和焦虑，但是却无力改变原有压力产生的压力源。

只有准确地认识到怎样解决压力源的方式方法，或者提高自己的能力、改变自己的认知才可以缓解焦虑。另外我们需要较好的心理素质，平时不开心时可以适当运动或者多参加社交活动都是不错的途径。

通过购物解压的通常都是女性，男性很少喜欢购物或者疯狂购物，这是因为性别的不同，解压方式也不一样。男人有了压力，更多的是通过喝酒或者旅游等方式来排解。

记忆删除已经不是梦想?

人生在世总是难免会经历各种挫折和痛苦,所以有句老话叫作"人生不如意十之八九"。这些经历会在我们记忆深处留下难以磨灭的烙印,很多我们越是想忘记的东西偏偏总也无法忘记。很多沉沦在失恋痛苦中的朋友一遍遍地唱着"给我一杯忘情水"。

"给我一杯忘情水,换我一夜不流泪。"没错,这是很多正在经历痛苦的人的一个美好梦想。如果我们的大脑能够像我们使用的电脑一样,可以把那些痛苦的记忆删除那该有多好。可能你不会想到,科学技术发展到今天删除记忆已经不是一个遥不可及的愿望了。我们的科学家通过不懈的努力,已经可以做到删除大脑里的痛苦记忆了。真的就这么神奇了吗?

没错,事实就是这么神奇。这种神奇的删除痛苦记忆的方法被称为"电击疗法",也叫作"休克式疗法"。荷兰的神经学专家柯罗斯已经在40多位志愿者身上进行了实验,结果表明效果还是不错的。这些志愿者经过电击疗法的实验之后,都表示以前那些挥之不去的痛苦记忆现在已经不太能够记得起来了,同时其他的那些甜蜜的记忆却丝毫没有受到影响。

但是电击疗法做起来并不像我们想象的那样美好,治疗过程中用电流直接作用于大脑,虽然医生使用的是一些特殊的仪器和设备,通过这些设备使直接刺激人的脑部的电流变得非常微弱,刺激时间也非常短,但是在治疗过程中还是难免会让患者出现全身抽搐、暂时失去意识等症状。所以这种疗法才有了另外一个名称"休克式疗法",甚至一些持怀疑态度的人还把它称为"残酷疗法"。

目前这种电击疗法还只是处于实验阶段，虽然实验的结果还算不错，但是对于它给人体带来的副作用，我们现在还不是很清楚，甚至对于为什么记忆能够被删除都不是很确定。主流的看法是电击会改变血流模式或大脑的新陈代谢，从而阻断记忆的再巩固。还有一种说法认为，之所以电击疗法能够删除痛苦记忆，是因为我们的大脑在接受电击的过程中释放了一些能够抑制忧郁的化学物质，所以不开心的事情就被删除了，但是快乐的以及其他的记忆可以不受影响。

为什么没有明天的感情更令人疯狂？

很多人都会惦记初恋，初恋的美好体会，让人久久回味。但是和初恋步入婚姻殿堂的成功率却极低。即便如此，人们还是会惦念没有结果的恋情。其实不单单是初恋，很多没有明天的感情更令人疯狂。这又是因为什么呢？这背后又有着什么样的心理学依据呢？

现在网络很是普遍，很多人明知道网恋基本很难有结果，但是只要深陷其中，就很难自拔。类似的还有办公室恋情、婚外恋、异地恋、忘年恋，甚至异国恋都有很大的危险性和不确定性。很多人明知道投入很多的感情，也不一定有结果。但是"爱情这杯酒，谁喝都得醉"的说法确实很有道理。心理学家分析，人在恋爱期间，大脑会分泌一种物质叫作"苯基乙胺"。"苯基乙胺"是一种神经兴奋剂，它会让人产生极度兴奋的感觉，当体内"苯基乙胺"分泌较多时，人们常常会精力充肺，信心和勇气都有所增加。

神经的兴奋让人们有很奇妙的感觉，这段时间看见爱人都是戴着光环的，很容易美化或者优化对方。人们常说"恋爱期间的人智商为零"，其实很有道理。人们都有把一件事情做完整的习惯。例如自己做了一个策划案，到了最后阶段，由别人来接手，不用自己来负责到底。很多人的习惯是，虽然工作交出去了，但是潜意识还会关心案子的进度和最终的情况。

同理，爱情的不确定性，激发了人们的挑战心理。自己潜意识会激励自己，只要自己再投入一些，肯定会有结果的；之前投入了那么多，总是会得到回报的。哪怕对方一直没有答应或者认可自己，自己也会一直魂牵梦绕。

越是看不到结果，人的行为就会越加极端、疯狂，欲罢不能。人往往会挑战自己，只要对方给自己一点信号，就会把之前放弃的想法忘记，满血复活地往前冲。越是危险的，很多人就会觉得越刺激，或者明知道没有结果，就会珍惜或者用心地投入。因为错过了就不存在了，其实大都是人的补偿心理在作怪。

没有明天的感情出现会让人更为疯狂，一个原因是未完成的事情，让自己加深记忆；另一个就是没有结果的爱情大家会潜意识去完善完美事情的经过。即使这段爱情有些苦涩，但是人们也会找借口为自己开脱，让自己感觉这段感情很美妙，用来安慰开解自己，消除自己的焦虑和思念的痛苦，也就是人们常说的得不到的就是最好的。

左手画圆右手画方可以同时进行吗？

从小到大我们做过很多游戏，印象比较深刻的是两人比赛同时一手画圆一手画方，画得比较好的为胜。可是不管大家怎样努力，也无法做到左右手同时画出方正的方和比较圆的圆，有人还起哄说多锻炼就好了。可现实真的就像我们想的那样多锻炼就可以了吗？

据国外科学家研究，人们常常无法同时做到"左手画圆，右手画方"的主要原因在于大脑无法同时专注做多件事。

我们左手画圆、右手画方时的动作都很慢，或者是间断性的动作。如果要求同时，那根本无法操作，因为左手画圆、右手画方，这是两个指令。咱们的大脑分为两个半球——左半球和右半球，左半球控制右边的肢体，右半球控制左边的肢体。

左脑负责三维空间想象力和情绪的产生，是精细语言的处理器。而右脑则比较喜欢接受动作和方向的指令。左右大脑之间有很多神经纤维相互连接。胼胝就是两半球最大的结合纤维，在它的连接下，左右脑能够互相协调配合，来完成指令。两个命令同时下达会造成左脑和右脑形成互相竞争关系，而造成不能同时完成一手画圆、一手画方。

但是，经过锻炼的一些人，可以同时进行左手画圆、右手画直线，这是什么原因呢？

直线很简单，大家的注意力只要放在左手画圆上面。右手同时画直线时，大脑不用保持注意力，只要在起点上顺其自然地保持向后的力度就可以了。

当然也有人表示异议，在很多状况下，可以左右手做不同的事情。例如左手扶方向盘开车，右手打电话。可事实上左右脑并没有同时下达指令，只不过注意力不同而已。路况比较复杂就专心开车，电话比较重要就注意力多在电话上。当然，开车接打电话很容易造成交通事故，所以交规一再强调开车不能接打电话。

还有人质疑为什么钢琴家的手可以同时进行不一样的动作。事实是首先弹琴的手指的朝向基本都是朝下的，再者每位钢琴家都是经过好多年的学习和锻炼，手指灵活到你基本看不出时间段的不同。咱们日常的敲键盘也是同理，左右手敲击时间稍微有偏差，不会同时进行。

经过科学家现在的探究，如果有的人先天或者后天大脑中的胼胝分裂或者损伤，有可能左右手同时做不同动作。不过这些不在正常的范围之内，对我们来说，想要实现左手画圆右手画方是不可能的事情，就算是多锻炼也不行。

男女搭配干活不累是真的吗？

大家常说"男女搭配干活不累"，难道这仅仅是一句口头禅吗？现实生活中，很多人会发现，这句话很有道理，为什么会出现这种现象呢？

心理学家研究了这个现象，然后给出的结论是"异性效应"。仔细分析，这个结论太对了。对男性来讲，和女性一起共事，女性言谈举止、衣着相貌都引起男性的兴趣。这时的男性都会不吝赞美，表示友好。得到相同回应的男性心情更加愉悦兴奋，心理体验会得到极大的满足。这样很容易冲淡工作带来的劳累和压力，从而激发男性的表现欲和征服欲。表现欲的增强使得男性愿意承担更多的工作量，积极主动地去帮助女性做更多的工作。在这样的情况下，两者互相鼓励、互相加油，相处下来比较和谐愉快，同时，处于兴奋和积极状态下的男性工作效率也大大提高。

女性和男性在一起工作，也会有同样的感觉。女性的心思比较细腻，也更希望得到异性的关注和帮助。在这种被关注和被帮助的情况下，女性的优越感和自信心就会增加，所以在心理的作用下，女性工作时劳累和辛苦的感觉都减轻了。

很多大公司，他们很注意公司的男女比例，其实是为了最大限度地激发出员工的积极性。心理学家认为，"众星捧月"和"万绿丛中一点红"不能创造最高的工作效率。在一家公司，男女的比例应该遵循二八定律，不管是女性的比例占20%，还是占80%，都会有不错的效果。

异性相吸是大自然的法则，大家在异性面前都会表现出自己最优秀的一面。这样若有适合男性做的需要一定体力以及出差之类的工作，一般男性都会主动去做。公司做项目，一般来说，工作上男性看事情比较准，下决策和执行效率高，同时女性的细腻会补充大决策的细节和不足，两者互补能把项目做得比较完善出色。

男性和女性的生理结构和心理的不同造成了"男女搭配，干活不累"，但是工作是工作，不能拿工作当暧昧的借口，心思端正也是相处的和谐之道。如果掺杂了太多的私人感情，对于复杂的工作来说有时也会成为掣肘。同样在一间公司，办公室恋情是最常见和最忌讳的。他们的创造力和破坏力同样出彩，但是现在很多公司也会比较宽容，现代人素质较高，一般都会处理好私人问题和工作上的冲突。

一见钟情是怎样发生的?

在日常的聊天中，有两种看法人们经常会热烈讨论。一个看法是日久生情，另一个是一见钟情。这两种情况都会出现在人们的生活当中，很多人相信一见钟情，哪怕彼此只认识了一天，也能肯定对方是自己心仪已久的结婚对象。这种状况的出现有什么科学道理吗？

我们在小时候会根据身边的亲人、朋友或者同学的言谈举止以及外貌，在潜意识里勾勒出自己爱人的模样，例如喜欢的脸形、身高、肤色，或者说话的语气以及气质、装束等外在的形象。这种雏形会在成长中不断地进行修补与完善，当在合适的时机里，遇见了和自己构思的那个人相似度极高时，丘脑的下部神经会释放出多巴胺，人就会出现心动脸红的现象，心中的喜悦会让自己飘飘然，然后会觉得自己爱上了对方。

还有一种情况是，心理学家研究发现人人都有两个自己。双重性格是与生俱来的，小时候的性别区分不是很大，很多人会在潜意识中埋藏另外性别的一个自己。当生活中出现了一个人和潜意识的自己很相似时，自己就会爱上这个人，其实就是爱上自己。说简单点，就是女孩子心中会塑造自己是男孩子的影子，同时男孩子心中会塑造自己是女孩子的影子。如果出现了一个和自己影子很像的人，自己就会被吸引，因为自己已经在潜意识中为这个形象戴上了光环。一见钟情发生得很快，如果相处下来，发现现实和想象的并不匹配，这种爱上了的感觉就会消退。

妈妈的手能医病是真的吗？

雨果的名言："慈母胳膊是由爱构成的，孩子睡在里面怎能不香甜？"许多美好的诗词都来赞美母爱的伟大，但是你知道吗，母亲的手不仅能制造奇迹，还能治病。

在小时候，很多孩子肚子疼或者难受时，妈妈总是伸出温暖的手帮忙检查。如果问题不严重，不用着急去看医生的情况下，妈妈就会用手帮孩子揉揉小肚皮，或者用手不停地按摩小手或者小脚。得到妈妈温柔的手抚摸后，小朋友偶尔的肚子疼或者简单不适的状况都能缓解，而且很容易在妈妈的抚摸下进入甜蜜的梦乡。还有孩子不小心割破了手指，或者磕到了膝盖，这时在妈妈简单的包扎下，然后抚摸孩子，告诉他这不严重，很快就能好起来，这时孩子的眼泪都会止住，变得不那么焦虑。

其实，不只是妈妈的手能治病，亲密的人之间的爱抚和拥抱都能使人减轻痛苦，但是妈妈给人的感觉更为安全温馨。妈妈的手包含了让人依恋的母爱，让人感觉踏实幸福，身体的焦虑和不安也会由于被爱而得到缓解，轻微的病痛或者不适会很快消失。

在临床上很多医生都会用这个方法缓解病人的疼痛和焦虑。如果病人被折磨得无比痛苦，医生会用手去触摸病人发烫的额头，言语安慰。得到关爱的病人，心里也会升起暖流，感觉到痛苦缓解。若医生在手术室看到病人紧张，就会握住病人的手，把信心和希望通过握手传递给病人。这些心理暗示都会带给病人积极的影响。

很多人喜欢去按摩店按摩，其实也是一样的道理，按摩一方面能使人的身体得到放松，另一方面能缓解紧张的情绪。很多女性喜欢去做面部美容护理，不单单是为了美容，轻微地按摩脸部能使神经放松，大脑得以休息。有研究证明，体贴温柔的触摸能刺激激发人体的抑制系统，使大脑分泌出一种天然的类似吗啡的亢奋物质，这种物质能使人的疼痛得以缓解。振奋的感觉会通过神经传遍全身的器官，从而起到一定的治疗效果。所以说妈妈的手是一双神奇的手也不只是一种修辞，这当中还有着一定的科学道理。

超感官知觉真的存在吗?

大千世界无奇不有,有部分人特别敏感。他们经常会觉得梦境的情况在现实中发生了,发现自己能提前预知很多事情,或者明明是从来没有到过的地方,可就是觉得环境很熟悉,好像来过了一样。这种大家无法解释的情况,有人解释为第六感比较发达,还给这个感觉起了个名字叫作"超感官知觉"。那么,这种神奇的"超感官知觉"真的存在吗?

首先要告诉你答案,这种神奇的"超感官知觉"确实是存在的。下面我们用认知科学来认识一下这种"超感官知觉"。"超感官知觉"是透过感知的感官以外接收到的信息,常常能预知到将要发生的事情。这种感知不同于平时的经验积累或者理论上的推断,就是偶尔间的一种感知。例如有人在咖啡厅靠窗而坐,外面优美的环境让人心情舒畅。突然间,就会感知有人在背后默默注视自己,事实上就是自己被人注视关注了。这种情况很多人都有过体验。还有,失散多年的双胞胎不管离得多远,也会因彼此的心灵感应而有很多相似的经历,等等。这些情况发生的原因,科学家们也一直在研究。

这种"超感官知觉",究竟是从身体的哪个部分发出的信息呢?美国科学家研究后发现,人体的大脑中的一个区域能明显地应对早期警示信号。这一区域被称为"前扣带皮质",这个区域能察觉环境中的哪怕是细微的一些变化,从而发挥自身的预警作用,提醒人们做出逃脱困境的动作等。或者在人需要做出艰难选择之前,这个区域就在学着认知这些因素。专家们发现,这个区域似乎在扮演前期的预警系统角色,当我们做出或者将要做出的事情结果不一定好时,这个区域就会发出警告,提醒人更小心,并避免犯下更多的错误。

　　正是由于大脑的"前扣带皮质"有提前预警和认知的作用，大家才有了第六感的感知，随着科学技术更先进，在不久的将来，第六感一定能帮助人们解决更多的问题。

似曾相识的感觉是怎么来的？

《红楼梦》中一个著名的场景就是贾宝玉见到林黛玉，歌中唱道："眼前分明是外来客，心底却似旧时友。"这种情况很多人都遇到过，明明之前不认识或者根本没有交集的两个人，就是有种似曾相识的感觉，甚至对方想聊的话题或者关注的事物，自己都能在某个瞬间提前预知。

还有一种情况就是，身处在一个新的环境中，自己会感觉好像之前来过这里一样，甚至接下来的一个场景自己都能预知，但这种感觉只存在一瞬间。有点熟悉或者似曾相识的情景常常让人迷惑：这究竟是梦境的重现还是一种特异功能呢？

心理学家研究后发现，发生这种情况并不是因为人有什么特异功能，而是人的无意识记忆无形中跑了出来，例如我们曾经经历过或者在某个媒体中了解过一些场景、存在大脑中的记忆或者电影中的各种相似的镜头，这些大量的信息平时已经储存在我们的记忆中，当身处在类似或者相近的环境中时，记忆中的一些片段或者线索会被我们无形中匹配，所以才会产生一种似曾相识的熟悉的感觉。

曾有人对此事做过调查，发现基本上三分之二的成年人都有过类似的经历。越是比较敏感或者处事细致的人，碰到这种情况的概率越高；经历或者阅历比较丰富的人也高于粗线条的人；年轻人高于年长的人。如果有人长期处于疲惫、压力大、心情焦虑的状态，这种概率也会增加。"似曾相识"不一定发生在深层次的潜意识中，一般健康的大脑都有可能出现这种感觉，这是因为大脑每天要处理、接收了很多的信息，而没有注意信息的来源和渠道。

排行也会影响性格吗？

人的性格的形成受很多因素的影响。比如有人说，在家中的排行不同，性格偏差就会不同。这么说到底有没有科学依据呢？

研究表明，在家中的排行确实能够影响一个人的性格。这主要跟他平时在兄弟姐妹中扮演的角色有关。一般来说，排行老大的人在工作上有领导欲，责任心强，做事情会很认真负责，对事情的服从性高，但是他们的观念通常比较保守，不擅长冒险；夫妻关系上自己愿意承担更多，有奉献精神。

排行中间的孩子，一般没有受到家长太多的压力和关注，身处中间的他们一般在家中不是特别被重视，他们更喜欢在家以外的地方交朋友。这类人工作一般很容易得心应手，从小就会处理人际关系，结婚后比较擅长经营家庭。

家中最小的孩子，一般心思比较单纯、性格乖巧。从小受宠的他们，一般没有生活压力，性格比较乐观。这类人由于经常受到保护，所以工作上遇到困难很容易求助于人，缺乏相应的毅力。婚后任性、自私，也常常不知不觉中忽略对方的感受，一般需要时间磨炼才能更好地进入角色。

现在很多人是独生子女，独生子女的性格比较复杂，一般会有老大和老小的性格。他们从小没有兄弟姐妹的影响，父母的影响会在他们的性格上有很大作用。独生子女的优越感会很强。独生子女和独生子女结婚还能互相理解，但一般独生子女到对方兄弟姐妹多的家庭会很不适应。

我们需要看到的是，一个人性格形成的原因有很多，周围环境各异、性别不同，以及他们自身社会地位的变化都会产生影响。出生顺序的影响只占了一部分，而不是全部。不管在家中排在什么位置或者是不是独生子女，家长都可以通过其他方面的因素来影响孩子的性格。

红绿灯的颜色是怎样定下来的？

在如今的社会，城市道路每隔一段距离都会设置一个交通信号灯，以方便过往的行人及车辆。大家对这种司空见惯的事情并不上心，可是你有没有想过为什么信号灯是红黄绿三种颜色，而不是蓝色或者紫色呢？

红绿灯最早起源于19世纪的英国。由于英国伦敦议会大厦前非常热闹，经常发生交通事故，所以有人建议做些标识保护行人及车辆安全。在英国的中部有个约克城，那里的女人着装很有特色，绿装的女士代表未婚，红装代表已婚。大家很容易区分该叫小姐还是夫人。于是有人建议政府设立红绿灯作为交通信号。

任何事情存在都有理可依，红绿灯能永久地定下来也有一定的科学依据。根据光学原理，红色光的波长很长，穿透空气的能力强，即使在大雾的天气，红光也不容易被散射，在很远的地方大家也能注意得到。而且红色代表的是热情、奔放及危险，所以作为禁止通行的交通信号。同理，黄色和绿色也容易分辨。不用紫色信号灯是因为紫色波长太短，不利于在空气中传播。而我们的眼球对蓝色光的敏感度较低，所以也不用蓝色。另外，黄色的含义是提醒和警觉，绿色在颜色上表达的含义是安全和平静。

"到此一游"为什么那么吸引一些人?

现在人们的生活水平高了,旅游成了家常便饭。很多人会发现,很多著名的景点都会有人刻"某某到此一游"的现象。而且越是重点保护的文物古迹,这种恶习就越是屡禁不止。长城是我们祖国的名片,是几千年中华民族智慧的结晶。当你走到八达岭长城的"北门锁钥"景区时,你举目四望,几乎每块砖上都有被人刻上的文字,让人很是心痛。

说起"某某到此一游"最为著名的是《西游记》中孙悟空翻着筋斗云游玩累了,在如来佛祖手指上写下"齐天大圣到此一游"。可见这种习惯自古就有,难道写"到此一游"真的就那么有意义吗?这又是为什么呢?

这其实是一种比较常见的社会心理:破窗效应。就是指,一座房子如果有一扇窗户被打破了,没有人及时修补的话,那么接下来就会有更多的窗户被打破。同样,我们经常看到这种情况:一个人在前面角落扔了垃圾,如果没有人及时清理,那么过不了多久那里会有更多的垃圾出现。而且扔垃圾的人会觉得理所当然。

那么,这件事的始作俑者呢?后面的人不断在景区刻上"到此一游"是因为破窗效应,那第一个在这些地方刻字的人又是怀着一种什么心理呢?首先是存在感,习惯性在这些地方刻字的人普遍在生活中是比较缺乏存在感的,所以就希望把自己的名字刻在很多人都能看到的地方来体现自己的存在感,留下存在的"证据"。那些被很多人所知晓的人,是不屑于做这种事情的。还有一种心理就是这种人通过这种行为来提升自己的"价值感"。现实中自己的价值没能得到实现,就把自己的名字刻在那些流传了上千年的古迹上，瞬间就感觉自己有了跟这些古迹一样的价值。

以上两种心理叠加起来，再加上缺乏必要的道德约束，就会让这些人有一种满足感。所以，这是一种只有低素质的人才能体会到的感觉。如果不从提高这些人的素质入手，只是依靠景物旁边那些"禁止涂写"的牌子是不能从根本上解决问题的。

好奇到底为了什么？

很多人喜欢看国外的电影，去国外旅游，想知道别的国家或者地区的人是怎样生活的，或者明知道很危险，但是他们还是喜欢去海底或者森林探险。人们为什么总是控制不住自己的好奇心呢？

有人做过这样的实验：在一个陌生的环境中，有很多个房间，走廊的尽头有个房间的门是虚掩着的。实验者找了很多人，让他们有机会路过这里。结果发现，很多的人即使知道这是一个陌生的环境，还是抑制不住自己的好奇心，去推开这扇虚掩的门一探究竟。

好奇心人人都有，对于很多未知的事情，大家都会好奇，这是与生俱来的本性。通常情况下，人们对陌生的环境比较警惕，出于保护自己的本能，不会轻易冒险。可是在陌生的环境下，很多人明知道推开这扇未知的门不合理，但是还是会去做，这其实就是好奇心在作祟。

以上种种迹象表明，好奇心存在于生活的方方面面，人类自出生就会对周围的一切感兴趣，并研究怎样利用和升级一切让自身生活得更好。好奇心会一直伴随我们终生，探索未知是人的本性。有位名人说过，好奇心是科学之母。也正是有了好奇心才能带动社会的发展。虽然在社会道德和法律的限制下，人们会控制自己，可有时人们还是渴望了解周围一切未知的东西。好奇心带给社会进步和发展，也会带来不幸和灾难。

夫妻相这事儿，科学吗？

在日常生活中，很多现象都很奇妙。例如大家觉得奇怪的"夫妻相"，原来长相不太像的夫妻，在长时间耳鬓厮磨后会越来越像。这事儿听着就觉得很奇妙，两个人原来并没有血缘关系，却可以越长越像，简直是百思不得其解呀。

虽然我们知道从小到大个人的容貌会有所改变，但是成年后我们的容貌基本有固定的样子。随着年龄的增长，我们的皮肤会松弛变老，但是我们的容貌不可能变成另外一个人。那么"夫妻相"的背后又藏着什么样的真相呢？

夫妻相这事儿确实是真的。生物学家指出，长时间共同生活的两个人，原本不同的肠道细菌微生态环境会变得越来越相似，逐渐相似的菌群也会影响夫妇双方的行为习惯和性格，原来相似度不高的夫妇相似度越来越高。

心理学家对这种现象也有所研究，他们用"米开朗琪罗现象"来解答。夫妻或者恋人在长期的日常生活中，会不知不觉地去改变或者"雕刻"对方。"雕刻"的方式就是不断地沟通交流，培养共同爱好、行为习惯。举个简单的例子，一个男生喜欢小动物，另一个女生也喜欢，这两人就会有聊不完的话题，双方交往的概率就会很高。

夫妻双方长久地生活在一起，是个漫长的过程，两个人互相欣赏、互相妥协、互相影响改变，共同塑造了自己和对方，这个参照物就是双方讨论的结果。当双方都向着这个结果来发展时，表现出来的就是夫妻或者恋人在言语、动作、表情、思维模式和待人接物方面都会很相似。

夫妻或者恋人长时间生活在一起，彼此越来越了解对方身上所具有的特质或者吸引自己的地方，自己都会潜移默化地去模仿或者跟随。夫妻关系愈密切，这种影响愈大，例如说话的表情、吃饭的动作、穿衣风格，甚至原来不幽默开朗的一方，也会受到对方的影响，变得善谈，喜欢开玩笑。

仔细观察后，大家会发现，后天的相似并不是容貌的相似——相同的眉毛、眼睛等，而只是表情神态的相似。感情越深厚的夫妻或恋人彼此间的模仿度越高，越容易相似。

打折降价能出好业绩吗?

一年到头商家借着各种节日或者创造新的节日来进行商业促销活动,各种打折、推新活动以及免费试用层出不穷。大家在逛超市时,看到一些东西被别人抢购,那么大家的潜意识就会明白有物品在打折销售。消费者经常希望产品的价格能够再降下来一些,商家也常常使出各种手段促销,以迎合消费者的这种心理需求。类似产品之间经常会打价格战,这家做完活动,那家接着做,以至于产品的价格越来越低。那么对于商家来说,商品难道只有降价才能卖得好吗?

从正常人的思维来看,消费者都希望用最少的钱买到最多最实惠的物品,用物美价廉的东西来满足自己的生活。无论是简单的日常消费品,还是价格昂贵的奢侈品,只要商家做出让利销售,都会引起消费者的购买欲望。例如现在流行了几年的"双十一"节,各大电商、实体店都有相应的特价卖场,有的家庭主妇就囤积了一年的洗衣液和卫生纸等等。因此降价理论上来说迎合了消费者的心理,刺激了市场需求。不过不是所有产品都适合这种方式,如果一件商品不断降价或者连续降价的话,消费者就会疑虑产品的质量有问题。

市场上经常会有商品涨价销售的情况,结果这些商品也能卖得很好,因为高价会让消费者认为商品物有所值,或者产生产品质量很棒的想法。根据价值规律,产品的价格体现了产品的价值,当消费者无从辨别一件商品的品质优劣时,就会从价格上判断,买贵的基本不会错。

当消费者的消费水平比较高时,提价并不会影响他们的购买欲望。商品品种繁杂，一般的消费者因为对很多商品并没有出色的辨别能力，所以只关注其价格，见到商品提价销售就会觉得物品快要脱销或者商品比较紧俏，于是大量地抢购，引起商品的供不应求。例如现在很多奢侈品都采用这样的销售方式，普通消费者无法理解，但是市场上有相当一部分高端消费群体可以负担这类消费。

市场情况瞬息万变，对于商家来说，无论降价促销还是产品涨价都是以市场为导向，认真掌握消费者的心态，因此适时打折或者提价都有可能取得不错的业绩。

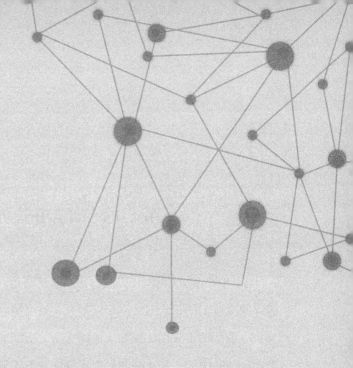

Chapter 06

神秘的天文之旅，
打开我们的视野

我们的宇宙存在边界吗？

民间有句谚语叫作"天没边儿，地没沿儿，河没头儿，井没盖儿"，这应该算是我们的祖先对浩瀚宇宙最朴素最直接地理解了。受当时认知条件的限制，我们的祖先无法探知天地的尽头，所以本能地表达了天大地大，无穷无尽、无边无际。那么从我们现在的认知条件来说，地球所处的宇宙到底有没有边界呢？如果有边界，边界外面还会有其他的东西存在吗？

这是一个一想起来就让人头大的问题。从宇宙这个概念上来理解的话，宇宙是一切时间和空间的泛指，所有存在物质的空间都应该在这个空间的范畴之内，宇宙之外就不应该再有其他任何东西存在了。因为通俗意义上来讲，宇宙就代表着一切，不可能有任何东西脱离它而存在。如果从这方面去理解的话，我们可以肯定地得出宇宙之外没有任何东西存在的结论。这么说虽然从逻辑上来讲并没有什么不妥的地方，但是，很明显这种关于宇宙的解释和认知是一种带有很强思辨色彩的哲学认知，是把宇宙这个词放在哲学的语境下来解读的结果。那么，如果把"宇宙"这个词放在科学的语境下来解读，又会有什么样的结果呢？

如果我们把"宇宙"这个词放到科学的语境下来解读，它就会变成一个相对较小的狭义上的概念。科学家们用"可见的宇宙"来对它进行精确的描述。可见的宇宙就是指能够被我们所探知的宇宙，目前我们对宇宙大小的定义是150亿光年。之所以这么定义，并不是宇宙真的就只有这么大，而是因为迄今为止我们只能了解到150亿光年距离内的东西。这个距离是不是宇宙的尽头？这个距离之外还有没有别的东西存在？很有可能这不是宇宙的尽头，很有可能这个距离之外还有东西存在，但是目前我们还无法探知，还要靠我们努力继续探索来找出答案。

谁想过宇宙到底什么味儿?

说起宇宙,你有没有想过一个问题,宇宙是有味道的吗?如果有味道,又是什么样的味道呢?这是个非常有趣的问题,而且现在的宇宙科学已经给我们找到了肯定的答案。这个答案就是宇宙确实是有味道的,而且味道还不止一种。怎么样?对于这样的答案你感到惊奇吗?想不想更进一步了解是什么让宇宙有了味道?为什么宇宙中的味道还会有区别呢?我们一起来揭晓答案。

从太空回来的航天英雄们告诉了我们宇宙的味道到底是什么样的。虽然我们的航天员们在宇宙空间时不太可能闻到纯粹的外太空的味道,但是当他们身处外太空的时候,一些化合物会粘在他们的衣服上被他们带回空间站。很多航天员都说他们在进行舱外活动之后都曾经闻到过一种类似"烧烤"或者是"煎炸"牛排时的味道。美国香料制造商史蒂夫·皮尔斯曾经应美国国家航空与航天局的邀请配制过这种味道的香料。皮尔斯说那些宇航员告诉他月球闻起来就像是失效的火药。

但这并不是整个宇宙全部的味道,而只是太阳系的味道。至于为什么会这样,美国国家航空与航天局艾姆斯研究中心天体物理学和天体化学实验室负责人路易斯·阿拉曼多拉给出解释:"太阳系的味道很刺鼻,因为它含碳多、含氧少,就像是一辆车,如果缺氧的话就会产生黑炭,并发出难闻的味道。"

宇宙其他地方的味道可就不一样了,比如银河系,银河系中弥漫着一种类似覆盆子和朗姆酒混合在一起的味道。这是因为银河系当中含有大量甲酸乙酯。而在我们所探知的宇宙的边缘部分的味道，则像是汽油燃烧和烧红的金属的混合味道。至于到了宇宙的深处，其实是什么奇特的味道都有，那些尘埃粒子的分子云使得这些地方的味道闻起来像极了大杂烩。好闻的如香甜的水果，难闻的就像是臭鸡蛋。

总之，因为不同的地方的化合物的成分不同，它们呈现出的味道也不尽相同。可以毫不夸张地说，若论味道的话，我们身处的这个宇宙简直可以说是百味杂陈了。

我们看到的太阳光在路上走了多久？

光的传播速度是非常快的，这一点我们很早就知道。我们还知道光在真空中的传播速度大约是每秒30万千米。那么光从太阳到达地球被我们看见，这中间需要多长时间？这个问题很多人很快就会给出答案：8分钟20秒。那么如果现在告诉你光从太阳到地球需要经历两三万年的时间，你会相信吗？8分钟20秒与两三万年相差甚远，这是不是就等于说这种说法完全是无稽之谈呢？还真不是，这种需要两三万年的说法也是有着严谨的科学算法作支持。真相到底是怎么样的？我们一起来揭晓。

首先说为什么会有8分钟20秒这么精准的答案。这种算法很简单，只要用太阳跟地球之间的距离除以光的传播速度就可以了。现在我们再来说说这个两三万年的答案是怎么得出来的，两个答案之间有什么不一样的地方。这两个答案之所以会有这样大的差距，并不是说哪种算法中间出了差错。它们中间主要的区别就是第一个答案当中光的起点是从太阳的表面开始算的，所以只需要知道太阳、地球之间的距离和光的传播速度就可以了。而第二个答案的起点是太阳内部发生核聚变的地方，这个地方位于太阳的核心地带。

那么，第二个问题又出现了：以太阳的中心点为起点开始算的话，最多也就是在原来的距离上（约1.5亿千米）再加上一个太阳的半径（约695000千米）就可以了。这样也不能得出两三万年的答案呀，要真是这样的话，那么太阳的半径恐怕比太阳和地球的距离都要大不知道多少亿倍呢。这显然是非常不合情理的。事情的真相到底是什么样的呢？真正的原因就是光在太阳内部的传播速度。

科学家研究表明，光在太阳内部这段距离内的传播速度是非常慢的。在这样的环境当中，光子每走1毫米就会受气体中其他离子的碰撞而改变原来的方向，可以说是寸步难行。若光子能前行还算是比较幸运的，一些光子甚至干脆就直接被吸收了。虽然被吸收的光子很快就会被再度释放出来，但是释放的方向很难确定。

光子在不断的碰撞、被吸收和再释放的过程中传播，需要两三万年的时间走出太阳的半径，也就不显得那么离谱了。当然两三万年只是一个大概的时间，并不是每束光所需要的传播时间都是一样的。速度快的光子只要几千年就可以走完这段距离，慢的则需要数万年的时间。目前科学家得出的平均值是两万年左右，至于还有人说光子需要上千万年的时间到达地球就明显有些言过其实了。

你相信地球也有脉搏吗？

每个人都有脉搏，我们把手指轻轻搭在自己的手腕上就能够清晰地感觉到动脉的跳动。不只有人和动物才会有脉搏，有研究表明，由于受到蒸腾作用和水分在植物体内的运动的影响，植物其实也具有规律的日细夜粗的脉搏现象。但是最起码植物也是有生命的，我们最多会觉得有生命的东西才是有脉搏的。如果现在告诉你，其实我们生存的地球也是有脉搏现象的，你会相信吗？要知道地球可不像人或者其他动物，甚至都不像植物一样是有生命的。难道没有生命的地球真的会有脉搏现象吗？下面我们一起来看看答案。

这个问题的答案就是，地球虽然本身没有生命，但是它同样具有非常规律的脉搏现象。地球之所以会出现规律的脉搏现象，背后的原理是万有引力定律。熟悉万有引力的人都知道，在宇宙所有的天体间都存在这一种互相吸引的力量。当然在月球和地球之间这种力量也同样存在，只不过因为地球上各个质点跟月球之间的距离不同，所以在地球的不同点上这种力量的大小是不一样的。

除地球所受到的外力外，地球还受到一个内力的影响。跟地球与月球之间的引力不同，地球绕月球转动而产生的离心力在地球上每个质点都是大小相等、方向相同的。在地心处月球对它的吸引力和绕动产生的离心力之间的方向正好相反，大小也相等，是可以完全抵消的。这样一来，对于地球上除了地心之外的各个质点来说，所受到的引力和离心力就不能完全抵消。

不能完全抵消的吸引力和离心力就会形成一个合力，使得每个质点都朝着合力的方向运动，最后也就形成了潮汐，而造成潮汐的这个合力我们把它叫作"引潮力"。不过由于月球和地球之间的距离非常远，这个引潮力的值就变得非常小，大约是重力的千万分之一。这样的力量，生活在地球上的人是感觉不到的，但却足够使地球产生有规律的脉搏现象。就是因为引潮力的存在，坚硬的地壳每次都要相应升降几十厘米，我们称之为地壳潮汐。不仅海洋中有我们熟悉的潮汐现象，气象学家通过实验也在高空同温层里发现了这种大气潮汐的存在。

地壳潮汐、大气潮汐和海洋潮汐合在一起，就是我们通常所说的"地球的脉搏"。需要说明的是，太阳和地球之间同样也存在这样的关系，也同样可以在地球上形成潮汐力。我们所说的地球的脉搏现象其实就是月球和太阳在地球上留下的两股潮汐力共同作用的结果。不过因为太阳与地球的距离比月球到地球的距离远得太多，即使太阳的质量是月球的很多倍，两股潮汐力还是以月球造成的潮汐力为主，太阳作用于地球上的潮汐力仅相当于月球作用于地球潮汐力的一半。

为什么地球长得像个球？

很久以前，人类对宇宙的认知是"天圆地方"论，所有人都觉得我们头顶的天空是圆的，被我们踩在脚底下的地球是方的。后来有人提出，其实我们居住的地球是圆球状的，不过那时候很少有人相信。但是到了现在，谁都知道地球是圆球体这一事实，只要拿一张太空拍摄的地球照片就可以证明一切。但是你有没有想过，地球为什么会长得像个球呢？

提起这个问题，相信很多人都会觉得理所当然，事实并非如此，首先要说一个事实：虽然宇宙空间内大部分的天体都是圆球体，但并不代表所有的天体都是圆球体。比如火星的卫星以及许多小行星的形状很不规则，就像巨大的不规则的石头。那么，为什么别的大部分的天体都是圆球体，而这些天体偏偏就是不规则的呢？地球又是怎么变成圆球体的呢？我们一起来揭晓事情的真相。

我们先来看看地球是怎么变成圆球体的。在大约46亿年前，地球刚从星云凝聚而成。在这个凝聚的过程中，地球一直在不停地高速旋转着。在不断地凝聚和收缩中，地球内部的放射性物质比如铀和钍不断发生衰变，产生巨大的热量。随着温度不断升高，地球内部慢慢就达到了炽热的程度，处于一种熔融的状态。这时候在重力的作用下，比较重的元素开始下沉，逐渐沉淀到地心；比较轻的元素开始上升，慢慢聚集到地壳。

在这个上升下沉的过程中，地球一直保持着高速自转。而这种高速的自转会产生非常大的离心力，这个离心力会把各种物质不断地甩离地心。这时候离地心距离相同的地方受到的离心力是相同的，聚集在这个位置的物质也是相同的。这样一来，在离心力的作用下就会形成以地心为核心的同心圈状的结构，在离地心距离相同的不同位置所聚集的物质的密度基本上是一致的，它们所受到的重力也是相同的。这就是我们所说的重力自平衡机制，而圆球体是能够保证重力自平衡机制的最佳形状。所以，地球在重力自平衡机制的作用下就慢慢变成了圆球体。

但是为什么上面提到的类似火星的卫星这样的天体没有变成圆球体呢？难道它们就不受重力自平衡机制的影响吗？这就要从它们的大小和形态来说了。如果一个天体质量太小的话，它的重力就会显得非常微弱，这时候它的重力平衡机制是不足以改变它的形状的。还有一点就是，如果这个天体没有经历过熔融状态一开始就是以固态的形式呈现的话，这时候重力自平衡机制也会失去作用，火星的卫星就属于这种情况。

月亮上的天空为什么是黑色的？

蓝天白云是我们在每个晴好的白天都能看到的景象。我们一直以为只要阳光明媚就必然会看到蓝天。没错，在地球上的确是这样的。那么在别的星球上呢？比如说在月亮上，在月亮上能看到太阳的时候，旁边的天空又会是什么颜色呢？答案是，在月亮上看天空就像是在看黑白电视一样，黑黑的天空中挂着亮眼的太阳。这说起来是不是有些不可思议？既然太阳那么大，为什么天空依然是黑色的呢？我们一起来了解事情背后的真相。

在解释为什么月亮上的天空是黑色的之前，我们先来了解一下为什么我们在地球上看到的晴空是蓝色的。这就要从太阳辐射的电磁波和地球的大气说起了。我们所看见的太阳光叫作可见光，它只占太阳辐射的43%，而可见光当中包含了红橙黄绿青蓝紫七种色光，这七种色光混合在一起就是我们所看见的白光了。白光中所包含的七色光的辐射波长是不一样的，其中紫色光的波长最短，然后由短到长分别是蓝、青、绿、黄、橙、红，红色光的波长最长。

当太阳辐射到大气层的时候，就会被大气分子所散射。其中红、橙、黄等色光因为有足够长的波长，所以它们能够成功绕过大气分子而透射到地面上。而七色光中剩下的蓝色和紫色光则因为波长太短被大气分子阻挡而产生散射，但是我们的眼睛对紫色光的感受远远不如蓝色光那么敏感，另外紫色光在大气层的传播过程中又会被大量吸收，所以我们看到的天空的颜色其实就是被大气层散射的蓝色光的颜色。

那么，为什么在月亮上天空就变成了黑色呢？照射到月亮上的太阳光跟照在地球上的太阳光是没有什么区别的，所不同的就是地球外面有厚厚的大气层包裹着，而月球因为体量太小，它的引力不足以捕获足够的气体形成大气层，所有的气体都逃散掉了。太阳辐射到达月球的过程由于不需要经过大气层，太阳光也不会因大气分子而发生散射，所以在月亮上抬头看上去就只能看见一个耀眼的太阳镶嵌在黑漆漆的背景上。

为什么星星看起来像是在眨眼？

在空气质量好的地方，坐在晴朗的夜空下抬头观望便能看到满天的星斗一闪一闪的，非常漂亮。美丽的星空之所以会那么令人神往，不光是因为这些星星会发光，也是因为有些星星的光亮会发生忽明忽暗的变化，就像是一双双眼睛在不停地眨呀眨的。那么，问题来了：为什么同样是星星，有些星星的光亮会发生强弱的变化，而其他的则不会呢？这当中又蕴含着什么样的科学原理呢？

事实的真相是，我们看到的其实是两种不同的星星。那种会眨眼睛的是恒星，占星星的绝大多数，而剩下的那些少量不会眨眼睛的则是行星。为什么恒星会眨眼但是行星却不会呢？这还得从我们的大气层说起。在我们地球的周围有一个厚厚的大气层，我们所看到的所有来自地球之外的光线，包括太阳光和星光都要穿过这个大气层。但是这个大气层内部的疏密程度却是不一样的，一般来说，越是靠近地面的地方空气就越稠密，越到高空空气就会变得越来越稀薄。而且，同一高度的空气密度也不是一成不变的。

受温度和湿度的影响，大气层内部总是有气流在不停地流动。热空气因为密度小而不断上升，冷空气则因为密度大而开始下沉。总之，我们的这个大气层的疏密程度总是在不停地变化着。而恒星的光线在穿过大气层的时候，就会因为这种大气密度的不断变化而不断发生不同方向的折射。恒星的光线经过这种不定向的折射被我们所看到的时候，给我们的感觉就是星光一会儿强、一会儿弱。这种忽明忽暗的感觉，就像是星星在眨眼睛一样。

虽然行星发出的光是反射恒星的光线，但是这个光线同样也是要经过大气层，来自恒星的光线所发生的折射不也应该会发生在那些行星反射的光线身上吗？那为什么只有恒星的星光看起来会眨眼呢？根本原因并不在于星体自己发光还是反射别的天体的光线，而在于恒星和行星与地球的距离有着巨大的区别。恒星因为距离我们地球远，看起来就是一个个小小的光点，经过大气层折射之后，那种强弱变化的感觉就会比较明显。而行星跟恒星比起来，它们距离地球就近得多了。从地球上看，行星给人的感觉就像是一个由很多光线组合在一起的小圆面。在经过大气层的时候，这些光线不断折射而产生的变化就会被相互抵消，这样看起来就感觉不到明显的变化了。这就是同样是夜空里的星星，有些会眨眼，另外一些却不会的科学原理。

没有水的湖泊里装的是什么?

一提起湖泊,我们最先想到的是什么?那当然是水。虽然有咸水湖和淡水湖之分,但是它们所不同的不过是含盐量的高低而已,归根结底还都是水。那么有没有一种湖,它的里面不是水呢?当然这并不是指那种已经干涸的湖。如果真有这样一种湖的话,湖里面的又会是什么呢?令我们很多人想象不到的是,世界上还真有这么一种湖,这种湖时而表面平静,时而翻滚涌动。但是这翻滚涌动的不是水,而是红彤彤的岩浆,这种满是岩浆的湖就叫作熔岩湖。下面我们就一起来认识一下这种奇特的熔岩湖的真面目吧。

地球上最著名的熔岩湖叫尼腊贡戈熔岩湖,位于非洲扎伊尔东部边境的尼腊贡戈火山的顶部。尼腊贡戈熔岩火山海拔3000多米,是一座非常活跃的活火山,近百年的活动非常频繁。每次火山爆发都会流出大量炙热的岩浆,当火山停止喷发的时候,就在山顶留下了一个无比幽深的火山口,尼腊贡戈熔岩湖就隐藏在这个火山口当中。

比起我们常见的那些波光粼粼、倒映着蓝天白云的湖泊,这种岩浆湖的美丽也毫不逊色。如果是在白天从远处眺望这个岩浆湖,就会看到这个湖面上有一缕缕的白色烟雾不停地随风摇荡。到了晚上,景色就更加绚丽了,红彤彤的湖里就像节日的烟火一样时不时有岩浆飞溅而迸发出绚丽耀眼的光芒。

尼腊贡戈熔岩湖这种世间少见的奇景自然也是吸引了不少探险家前往。不过虽然这里的景致壮丽而又神秘,但是这不停翻滚的岩浆还是让很多人不敢过于靠近,很多探险者也只是站在了远处眺望一下而已。直到一位来自意大利的冒险家出现，这位冒险家在1948年和1953年两次站在了岩浆湖旁的悬崖上，让我们有机会近距离了解尼腊贡戈熔岩湖。

通过这位勇敢的探险家，我们知道尼腊贡戈熔岩湖并不总是整天都有岩浆在不停地翻滚，它也有湖面静好的时候。原来，在火山休眠的时候，岩浆停止了喷涌，岩浆湖里的岩浆的温度开始慢慢变低。通红的岩浆表面也开始慢慢变暗，最后结成厚厚的一层黑壳。这位探险家之所以能够近距离观察尼腊贡戈熔岩湖也正是抓住了这个时机。但是这种时机并不会持续很久，因为过不了多久湖面上就会有新的岩浆伴随着滚滚的浓烟和轰隆隆的吼叫声重新破壳而出，这层厚厚的黑壳很快就又会被炙热的岩浆重新熔化。

当然这种周而复始的变化离不开尼腊贡戈火山的活跃，只要这座活火山处于长时间的休眠状态，这种变化也就会中断了。就像位于太平洋中的夏威夷群岛上的另一座岩浆湖一样，它在1924年一次火山大爆发之后就忽然消失了，现在只留下一个幽深的黑洞在告诉我们，这里曾经有一个岩浆湖存在过。

月亮上到底都有些什么？

在我们的传统文化当中，月亮占据着不容小觑的位置。对于月亮，人们寄予了很多美好的愿望，也有很多美丽动人的传说。古时候的人相信在月亮上有一座巍峨的广寒宫，在广寒宫里有美丽动人的嫦娥姑娘，怀里抱着温驯的玉兔。广寒宫旁长着高高的桂树，桂树下还有不停挥斧的吴刚。每当月圆的时候，总有老人在清冷的月光下给顽童讲广寒仙子和兔爷的故事。

总之，在我们的想象中，月亮是一个充满浪漫主义色彩的地方，令人神往不已。那么，事实上到底怎么样呢？月亮上到底是不是像我们想象的那般美丽呢？随着科技的不断发展，人类终于有能力能够到月亮上去了。可是，答案却远远没有我们想象中那么美好。月亮上到底都有些什么呢？我们一起来了解一下。

首先说科学家已经证实的，月亮上没有空气，没有水，也没有生命；没有绿色，没有河流，也没有任何声音。所以，广寒宫、桂树什么的肯定是不存在的。如果是在白天的话，你会看见一个耀眼的大太阳挂在黑漆漆的天空上。因为没有大气层对太阳辐射的散射，所以天空永远是黑漆漆的，同样也是因为没有大气层的遮挡，在月亮上看到的太阳要比我们在地球上看到的明亮千百倍。

这样亮度的太阳，真的可以说是一个大火球了，所以这样一个大火球的炙烤下，月球的温度也上升得很快。在月球上，白天的最高温度可以达到127摄氏度。这样的温度是人类根本没办法承受的。而且在月亮上的一天偏偏要比地球上长很多，月亮上一个昼夜大约相当于地球上的27个昼夜。光是从日出到正午就需要180个小时，从中午到天黑又要经历180多个小时。可是只要天一黑，就得等上差不多两周的时间才能看到太阳再升起来。

虽然月亮上的夜晚同白天一样漫长得出奇，但是夜晚的温度却跟白天有着非常大的区别。在漫漫的长夜中，月亮的温度在不断地变得越来越低，最低的时候能降到零下183摄氏度，估计传说中的广寒宫都不会这样寒冷。不过，还有一个非常有意思的现象，那就是在月亮上的夜晚同样可以看到一个大大的"月亮"。这个"月亮"可比我们在地球上看到的那个月亮大了好多倍，也明亮了好多倍，就像一个温和很多的小太阳。这个"月亮"其实是反射着太阳光的地球。

月亮上还有许多环形山，这些环形山其实是一些陨石撞击月亮的时候留下的陨石坑。目前科学家在月亮上已经鉴定出30万个直径超过一米的环形山，之所以会有这么多的陨石坑留下来，也是因为月亮周围没有大气层保护。除此之外，月亮上就只剩下那些被叫作浮土的碎石了。

所以，真实的月亮就是一个荒凉孤寂的岩石球，怎么都说不上美丽，在月亮上唯一比较有意思的事儿恐怕就是在漫漫的长夜中欣赏地球这个"月亮"了，毕竟与我们通常看到的月亮相比，在月亮上看到的这个"月亮"可是要大上很多倍，也亮很多倍呢。

跟着指南针走能够到达北极吗？

指南针，作为我们古代的四大发明之一，在我们历代的科技发展中起着极大的推动作用。在我国古代，它的名字叫作司南，其结构并不复杂，主要就是一根装在轴上的磁针。这枚磁针在天然磁场的影响下可以自由转动，但最后磁针的两端总是会指向南和北。当我们在野外或者海上迷失方向的时候，指南针就会成为我们的指路明灯。除非是在一些地磁紊乱的地方，否则指南针给我们指明的方向一般是不会出错的。

那么，你有没有想过一个问题：如果我们一直按照指南针指示的北方走，最后会到达北极吗？在很多人看来，这是个显得有些愚蠢的问题。指南针是用来指明方向的，跟着指南针所指的方向当然是能够到达北极的呀。如果你也是这么想的话，这个答案可能就会出乎你的意料了。真实的情况是，如果完全按照指南针的指示，我们不太可能会到达北极，最多也就是到达北极附近的地区。为什么会这样？我们一起来揭晓谜底。

首先，我们需要弄明白指南针所指的那个北到底是不是北极的"北"。事情的真相是，指南针指针所指的那个北其实是北地磁极的"北"。原来呀，在我们的地球上除了南极和北极之外，还存在着两个地磁极，一个是北地磁极，另一个是南地磁极。虽然南、北地磁极跟我们所说的地理上的南极和北极在方向上是相同的，但是北地磁极只是位于地理北极的附近而极少重合，而且两个地磁极还一直处于不断地移动当中。

现在的北地磁极正在以每年六七十千米的速度向北移动着，而且这个速度还在逐年加快。而南地磁极的移动速度比它还要更快一些。根据科学家的推算，在2185年的时候，地球的北地磁极可能会跟地球的地理北极重合。但是这种重合的概率简直是太低了。只要不是在地磁北极和地理北极重合的时候，跟着指南针的指示走我们就不可能真正到达北极。

而我们的航海员和飞行员在使用方向定位设施的时候，要不就是仪器设备具备根据地磁极和极地之间的关系进行校正的功能，要不就是使用者熟练掌握各地磁场的资料，然后再根据罗盘指示的方向加以校正。否则就总会出现某种程度的偏差，这个偏差的大小取决于地磁极和极地之间的夹角大小，这角我们叫作地磁角或者是偏磁角。

另外值得说明的是，由于地球上的南北地磁极总是在不停地移动着，所以南北地磁极会在某一时刻发生反转。也就是说原来的北地磁极突然就变成了新的南地磁极，而原来的南地磁极却会在这一刻变成新的北地磁极。如果到了那个时候，指南针指的就不是南而是北了。

在历史上，南北地磁极的反转发生过好多次，但是这中间却没有什么固定的规律，其间隔有可能是1万年，有可能是1000年，也有可能是1亿年。不过，根据卫星的测量推算，距离地磁极最近一次反转的时间不会太久了。可是对我们来说，还是显得遥远了一些，这个推算出的时间是1200年之后。

为什么赤道地区也会下雪？

　　最近两年的夏天都曾发生过很多非洲来的朋友因为受不了中国的炎热而闹着要回国"避暑"的事情。这些新闻爆料让我们惊呆了，因为在我们的印象中，非洲才是世界上最热的地方。但是那些从我们以为最热的地方来的人却一个劲儿嚷着说受不了中国的炎热，这事儿说起来好像一个笑话。于是人们纷纷开始求证这件事的真实性。那些在我们以为是最热的国家生活过的人纷纷确认，那些地方还真的没有我国的夏天炎热。

　　如果这事儿我们还能勉强接受的话，那么还有一件事听起来比这个还更加不靠谱。那就是在赤道地区也会有雪飘冰封的地方。这事儿真的可信吗？赤道可是太阳直射的地方，怎么可能会下雪呢？可是事实就是这样，不光赤道附近有终年冰封的地方，还有比这更让人难以置信的，那就是赤道附近的某些地方还有企鹅在活动。企鹅可是只有在南极那种极端寒冷的地方才会有的呀，怎么可能生活在赤道地区呢？我们一起来一探究竟。

　　肯尼亚山位于非洲的赤道地区，但是这座位于赤道地区的高山的山顶上却是终年冰封，一番白雪皑皑的景象。这里的乞力马扎罗山作为非洲的第一高峰，山顶也是覆盖着终年不化的冰雪。其实这种情况并不是很难解释，因为肯尼亚山海拔5199米，乞力马扎罗山的海拔则是5889米，均超过了5000米。我们都知道，能够影响到当地气候的除了它所处的纬度之外，另一个重要因素就是它的海拔。越是海拔高的地方，当地的气温就越低，到了海拔5000多米这样的高度，终年被冰雪覆盖也就不难理解了。

　　如果说上面的两个地方被冰雪覆盖是因为海拔过高的话，在赤道线上却有一个海拔并不高的地方也是一处寒冷的景象。这就是位于南美洲太平洋东缘赤道线上的加拉帕戈斯群岛。加拉帕格斯群岛的气候干燥寒冷，植物也非常少，很多只有在寒带才能看到的动植物在这里都有出现。在这里你能看到成群的企鹅、信天翁和海豹，堪称是赤道地区的奇观。跟上面提到的两座山不同，这座群岛的海拔不高，这里之所以会如此寒冷，显然不是山地垂直气候的原因。这座群岛之所以会如此寒冷，真实原因是它受到了秘鲁寒流的影响。

在秘鲁寒流的作用下，这座岛上不仅气温极低，而且降雨量也非常少，一年到头只有4个月的时间内会有少量的降雨，其他的时间则都是旱季。如果遇到降水量少的年份，整整一年都不会有雨落下。也正是因为这样，这个地区除了寒带的动物之外，植物非常稀疏，景色就像沙漠一般荒凉，但是却比沙漠冷了很多。

洁白是雪花的本色吗？

雪花是冬的精灵，赞美雪花的诗词散文数不胜数，一场大雪过后，所有的房子上面都堆满了厚厚的雪，到处都是白茫茫的一片。"忽如一夜春风来，千树万树梨花开。"洁白的雪花赋予了诗人很多想象。

如果问大家雪花的颜色是什么，很多人会说是白色的。雪花真的是白色的吗？大家都知道雪是水的固态形式。那么水是无色透明的，水的固态形式冰也同样保持了无色透明，但是为什么我们看雪花时觉得是白色的呢？

仔细观察后发现雪花是由许多小冰晶组成的，雪花的形状据说有两千多种，大多数的形状是六角形的。在显微镜下观看，小冰晶是无色透明的，其形状像钻石一样，有很多个面。这些多面体都会反射光线，反射的方向也各自不同，这样很多个反射光线合起来，在我们看来就是白色的。

如果外面正好下雪，你可以伸手接住一些雪花，仔细观察后能发现雪花基本就是白色的。如果我们把一块透明的冰用力地砸向地面，这时你会发现原本透明的冰块很多地方变成了白色，因为冰块碎成了无数个细小的冰晶，甚至看起来原来的冰有点像雪了。

其实冰块和生活中另外一种物质极为相似。光线穿过透明的玻璃时，一般会发生折射和反射。如果玻璃意外被打碎了，就会出现了很多玻璃的碎屑。在这些细小的玻璃碎屑中，有许许多多棱角，每个形状也是不尽相同。许多的玻璃碎屑堆在一起，光线从中穿过，每个棱角的折射角度都不同，很多的光线不能很顺利地穿透过去，很多光线在来回不停的复杂地折射中，又回到了我们的眼睛中。很多个复杂的颜色混合在一起看起来就是白色，正如七彩光混在一起看起来是白色的一样。

　　雪花不能单独生成，它必须依托同温层以下空气中一颗颗肉眼看不到的微尘粒子做晶核，水蒸气形态的水分子在冷空气的作用下，会一层层凝结。如今的新闻中，也不乏黑雪或者灰雪，甚至红雪的出现，很多时候是因为空气中有灰尘和化学物质的影响，而雪原本就是无色透明的。

彩色的雪是怎么形成的?

雪花向来都是纯洁的象征,一提到下雪,我们脑海里就会浮现出一幅白茫茫的景象。那么这个世界上还有其他颜色的雪吗?比如说红色的雪、绿色的雪、黑色的雪。想象一下,如果天空飘下的不是白色的而是彩色的雪,会不会觉得非常有趣呢?肯定有很多人会说,好玩是好玩,但这是不可能出现的事情。没错,我们从来都只见到过白色的雪,那么彩色的雪真的就不存在吗?说起来你可能不会相信,现实当中还真的出现过红色的、绿色的、黄色的和黑色的雪。那么,就让我们一起来了解一下这些彩色的雪是怎么形成的吧。

最著名的红色的雪出现在格陵兰地区的海岛上,这件事情之所以能够被记录下来是因为当时有一艘船航行在这一带海域。这艘船上的所有船员都目睹了这一奇景。一开始当值班的船员惊喜地说看到了红色的雪的时候,其他人还以为他是在开玩笑,直到跑到甲板上的人都看到海岸上岩石之间那些好像被血染过一样的雪,人们才相信。这件在当时看来很是诡异的事情,让人们把这片海域当成了不祥之地。后来考察人员来到岛上对这种红色的雪进行研究后才解开了这当中的秘密。

原来在这一地区有一种红色的原始冷蕨类植物,这是一种需要用显微镜才能看清楚的小东西。这种单细胞结构的孢子虽然个头小,但是却能在冰雪里生存,而且繁殖速度特别快。在繁殖的季节里,这些成熟的冷蕨类植物的胚子因为太小而会被大风携带到高空当中。然后,随着气流在空中飘荡的胚子又会随着降雪一起降落到地面上来。本来洁白的雪花因为混入了大量这类冷蕨类植物的红色胚子而改变了颜色，等在地面上越积越多的雪时，地面就看起来就像是被血染过的一样了。

令人感到惊奇不已的是，这类原始冷蕨类植物还能通过改变自己颜色来选择所需要的光线和热量。当它需要大量紫外线的时候，就会让自己变成红色；当它需要红外线的时候，还能让自己变成绿色或者是蓝色。而受它颜色的影响，这个地区的雪也会变成其他颜色。

类似这样的情况在其他好几个地方都曾经出现过，都是因为这类藻类植物的影响。当然并不是所有其他颜色的雪都是因为受到这类原始冷蕨类植物的影响，比如大风刮起大量的带有各种颜色的粉尘或碎末都有可能造就一场彩色的雪。

你见过自己分成几层的湖水吗？

喝过鸡尾酒的朋友都知道，鸡尾酒不光是味道别致，而且具有其他饮料所不能比拟的味觉享受。而且它的颜色也比其他的饮料炫酷得多，几种常见的饮料在调酒师的手里经过一番令人眼花缭乱的晃动之后就变得层次分明了。各种鲜艳的颜色一层层叠加在一起，在灯光和杯子的共同映衬下更是显得绚丽多彩。那么，你见过会自动分层的湖水吗？这种神奇的现象你可能没见过，但却是真实存在的。不过大自然又不是调酒师怎么会让湖水分层呢？我们来了解一下这其中的原因。

我们先了解一下调酒师手里的鸡尾酒是怎么分层的。原来呀，鸡尾酒之所以会分层主要跟混合在一起的饮料的比重有关。不同的饮料因为制造原料、酒精浓度和工艺的不同，它们的比重都是不一样的。一个合格的调酒师不仅要熟悉每种饮品的口味，还要掌握它们的比重。要想调出一杯分层鲜明的鸡尾酒，调酒师需要事先准备好几种比重差别较大的饮料，然后再把它们混合在一起摇晃。虽然在摇晃的时候，它们会暂时的混合，以变化出一个别致的口感。但是一旦静置一会儿，各种比重不同的饮品就会按照比重的大小，从低到高依次呈现出来。比重最大的沉底，比重最小的就会浮在最上面。

其实湖水自动分层跟鸡尾酒分层的基本原理还是有些相似的。努乌克湖就是这样一个奇妙的湖。努乌克湖位于美国阿拉斯加半岛的北部延伸出来的巴罗角上，处在北极圈之内。跟我们平时看到的湖不一样，努乌克湖的湖水是清晰地分成上下两层的。上下两层之间就像是隔着一层透明的隔断一样，非常明显。更为神奇的是上下两层之间不光是颜色不一样，就连生活在上下两个水层里面的生物也都截然不同。在上面的一层湖水里面生活着只有在普通的淡水湖和河流里面才能找到的生物，但是在下层湖水里面生活的却是典型的海洋生物群系。

原来努乌克湖是一个海湾上升后形成的湖泊，这个海湾上升后，在它的北面出现了一条非常狭长的像是堤坝一样的陆地。这样一来，它与海水的连接就被这条堤坝给阻断了，而周边陆地上的大量冰雪融水却源源不断地被补充到湖里来，这些补充的淡水与原来湖里的海水比重相差较大，慢慢就分成了上下两层。而那些被风暴裹挟着翻过北面堤坝而来的海水，也会因为自己过大的比重而很快就沉入湖底。至于位于上下两层的湖水里会出现两种不同的生态环境的原因显而易见，上层的淡水里是淡水湖的生态系统，而下层的海水里自然就只能是海洋生态系统了。

然而，努乌克湖还不是分层最厉害的湖泊，它不过是分作了上下两层罢了。有个叫麦其里湖的湖泊，这个湖里的水由深到浅足足分了五层。每层湖水都呈现出不同的颜色，不同层中生存的生物也不一样，甚至最底下的一层由于含有大量致命的硫化氢而成为绝命层。究其原因，也是每层的含盐度和含有化合物的不同而导致比重不同。至于这个湖不同层中的水的成分为什么会有那么大的差异，还有待进一步的探索。

为什么地震总是喜欢晚上来?

世界上没有谁会喜欢地震,但是地球上除了南极和北极之外,不论是陆地还是海洋。再没有其他的地方能够躲得过地震的侵袭了。地震会给我们的财产、设施和生命安全带来非常大的威胁,而且它往往都是来得快走得也快,留给我们的应对时间少得可怜。

既然在人类聚集的地方基本上没有躲过地震的可能,我们就只能尽可能地预测它的轨迹,推算出什么时候会有地震发生,这样才能在它到来之前尽可能把应对的措施想得周密一些。不过让人遗憾的是,以现在的技术我们准确预测地震行踪的可能性还不是太大。

于是人们就禁不住会想,如果万一真的要发生地震的话,那最好能够是在白天。好歹在白天的时候我们大多数人都是清醒的,总比午夜熟睡的时候发生地震要好上很多吧。但是,又一个令人遗憾的事实是:相对于白天,地震更喜欢在晚上来到我们身边。这听起来好像是地震在故意跟我们作对似的,其实这其中是有科学依据的。我们不妨一起来看看这里面有着什么样的科学原理。

我们先来看一组数据,看看都有哪些给人类带来沉痛灾难的大地震是在晚上发生的。8.3级的美国旧金山大地震,发生在1906年4月2日清晨5点12分;8.9级的智利大地震发生在1906年5月22日的19点11分;7.8级的中国唐山大地震发生在1976年7月28日的凌晨3点42分;7.2级的日本神户大地震发生于1995年5月17日清晨5点46分。那么,为什么这些灾难性的大地震总是发生在夜间呢?这跟地球的"脉搏跳动"的规律有关。

我们在讲地球的"脉搏"的时讲过，在太阳和月亮对地球的引力的共同作用下会形成一个潮汐力，这个潮汐力会引起地球上一系列的潮汐现象，包括海水的潮汐现象、大气的潮汐现象和地壳的潮汐现象。受地壳潮汐现象的影响，地壳会发生几十厘米的升降运动。

　　如果某一地区的地质活动到了一个临界点，随时可能会发生地震的话，那么这个地区地壳潮汐现象就会成为引发地震的导火索。而潮汐的运动规律则是每天的日出和日落时分，所以日出之前和日落之后发生地震的概率自然要比白天高很多。

　　另外，同样是受到太阳和月亮的引力的影响，每月的农历初一和十五前后发生地震的概率也会比平时大很多。这也是因为在农历的初一和十五，太阳和月亮对地球的引力最大。

太阳没有氧气为什么还能燃烧？

燃烧这种现象相信很多人都不陌生，化学中对燃烧的解释是物质因剧烈氧化而发光、发热的现象。所以我们都知道，要想让燃烧发生，离开氧气是绝对不可能的。那么，那个每天都在为我们提供阳光和热量的太阳呢？我们知道在太阳上是没有氧气存在的，既然没有氧气，太阳上的熊熊烈火又怎么会长久不熄呢？是我们对于燃烧的认知出了问题还是太阳上的燃烧不在这个原理的范畴之内呢？我们一起来看看到底是怎么回事。

原来呀，这既不是我们对燃烧的认知出了问题，也不是太阳上发生的事情不在这个化学反应的范畴之内。事情的真相就是虽然太阳一直源源不断地为我们提供光和热，但是在太阳上发生的并不是我们所认为的燃烧。我们所说的燃烧其本质上是一种化学反应，但是在太阳上发生的却是一种热核聚变反应，只不过这个核聚变反应所释放出来的光和热跟我们所认为的燃烧现象相似度很高而已。

我们之所以会把太阳比作一个大火球，一方面是因为它总是不停地释放光和热，另一方面则是科学家在对太阳表面进行观察的时候发现有很多火焰存在。事实上，火焰本质上不过是在高能量的作用下使气体电离，气体的电离过程会发出可见光。从这一点上来说，太阳表面的电离气体和燃烧时产生的火焰本质上是一样的。但是促使气体电离的能量一个来自核聚变，一个来自燃烧。所以，并不是在太阳上没有氧气也能燃烧，而是我们以为太阳在燃烧不过是一种错觉。

有谁见过四边形的太阳？

有谁见过四边形的太阳？这个事儿说起来好像有些不太可能，谁不知道太阳是圆的呀？怎么可能会有人看见过四边形的太阳呢？非常不可思议吧，但是这件事确实是真的。为什么会出现这样的现象？难道太阳会变身吗？我们一起来一探究竟。

现在确认能看到四边形太阳的地方一共有两处，最早发现有四边形太阳出现的地方是位于北极附近的因纽特地区，生活在这个地区的因纽特人很早就看到过四边形的太阳。但是遗憾的是，目前还没有详尽的记载。但是第二个发现有四边形太阳出现的地方，对这一现象的细节记载就详细了很多。日本北海道附近有一个叫作别海町的地方，据说每年的1月中旬到3月中旬，在这里都有机会看到四边形的太阳。不过也只是有可能，并不是所有人都有机会看到这样的奇景。

因为根据该地区对出现四边形太阳时的气候条件的记录来看，要想看到这样的奇观，这里的天气必须先满足两个条件才行。首先气温要低，要低于零下20摄氏度才行。其次就是天气一定要晴朗，必须是万里无云的天气，整个地平线以上都不能看到云彩的影子。由于这样的天气情况很少遇见，所以就算是专程前往观看也不一定就能如愿。

关于出现这种奇景的原因，世人给出了不同的答案。最主流的说法是，这其实是一种大气光学现象。出现四边形的太阳是由于太阳光被大气层折射造成的。但是也有人质疑，大气层对太阳光的折射又不是只有这两个地方才会发生，为什么只有在这两个地方才能看到四边形的太阳呢？事情背后到底是什么样的真相，还有待进一步探索。

测量太阳温度的温度计该有多厉害?

根据科学家的测量,太阳表面的温度约5500摄氏度,太阳中心的温度则是达到了2000万摄氏度。我们先不说2000万摄氏度是个什么概念,就说太阳最低的温度即其表面温度就有5500摄氏度,这个温度下有多少物质还能保持固体的状态?要知道现在的炼钢炉内最高温度也不过是2000摄氏度。现在已知的金属单质中熔点最高的钨,熔点是3410摄氏度。非金属当中熔点最高的碳,熔点也不过是3850摄氏度。已知熔点最高的物质铪合金,它的熔点也只有四千多摄氏度。那么问题来了,为什么用来测量太阳温度的温度计不会被熔掉呢?让我们一起来解密吧。

事情的真相是,太阳那么高的温度之所以能够被测量出来,并不是测量的温度计有多么厉害,也不可能有人真的拿着温度计去靠近太阳。否则先不要说温度计,最先承受不住的恐怕就是前去测量的人了。原来,对于太阳温度的测量,科学家自有一套独特的办法。那就是用物质的光谱来逆算出其温度,因为每种物质的光谱都是非常独特的,就跟人的指纹一样,各不相同。只要细致分析某种物质的光谱就可以逆算出这种物质的温度来。所以,太阳的温度并不是人为测量出来的,而是科学家们推算出来的,自然就不用担心温度计的问题了。

为什么连通的大洋会出现高度不同的海平面？

地球上四大洋相通，大家都知道水向低处流，就以为海平面一定是高低相同的。其实不然，海平面只是海面的平均高度，不同海域的海平面高度是不一样的。这到底是为什么呢？答案就在下面。

原来，海平面的高度一般受两个因素的影响。其一是海水的涨潮、落潮，还有风暴和气压等的不同。海水的涨潮、落潮是受到月球引力的影响，月球正对地球上一点时，对该点的吸引力最大，当月球转到相反方向时，对该点的吸引力就最小，海平面的高度自然不同，还有，地球每天24小时都在自转，这样形成海平面的最高点是流动的。巴拿马运河连接大西洋和太平洋，两个海洋的盐分和浓度不同，还有风力等气候的原因，使太平洋比大西洋的海平面要高出约50厘米。总的来说，造成巴拿马运河水位差的原因跟全球大气和海洋系统有关，为了避免在此航行的船只受到水位差的影响，运河上建有船闸，用来避免水位差造成的水流过急，行船的安全性得到提高。

其二是海底地形的不同。现代科技非常发达，经科学探测后发现，海底地形非常复杂，海底有山脉和海沟，还有平缓的海底平原，这些海底地形的不同造就了海平面的不一致。一般情况下，海底有山脉的地方海平面就会高一些，反之，海底有盆地或者凹地的地方海平面就低一些。甚至在一个岛屿的两侧，由于山脉或者物质本身的密度不同，海水所受到的重力和引力不同，就会出现海水流动的速度不同，也会出现一侧海平面高而另一侧低些的情况。

在此之外，有科学家研究后发现，内陆河流的入海的总水量不同，也会造成海平面高低不同。

我们的日子正在一天天变长吗？

有一种说法，我们的日子正在一天天地变长。也就是说我们的今天比昨天要长一些，同样，我们的明天也会比今天更长一些，后天又会比明天更长一些。这事儿可能是真的吗？怎么我们从来没有发觉呢？没错，这事儿确实是真的。从地球形成的时候开始，我们的一天就在慢慢地变长，现在也不例外。只不过这个过程过于漫长，每天的时间变化小得让我们难以察觉而已。个中的缘由，我们一起来探究一番。

之所以从地球形成以来就从来没有时间完全相同的一天，主要是由地球的自转速度变化引起的。我们现在把一天规定为24小时，那是因为现在地球自转一圈大约需要24小时。但是地球自转一周并不是从一开始就需要这么长时间的，据说在地球刚刚诞生的时候，其自转一周只需要5个小时左右。也就是说，那时候的一天只有5个小时。之后地球的自转速度就在一点点地变慢，自转一周所需要的时间就越来越长。只不过这个变化过于缓慢，以至于我们竟然从未察觉。

那么到底有多慢呢？这么说吧，从一开始的每天5个小时到现在的每天24小时，这中间用了大概46亿年的时间。这么算下来，平均每10万年每天才会多出1秒钟的时间。这种微乎其微的变化，我们又怎么能察觉得到呢？不过，这种变化虽然小得毫无察觉，但是却是实实在在存在的。

科学家预计，我们的地球还有将近50亿年的寿命。到那个时候，我们的一天就会从24个小时变成44个小时了。那么，为什么地球自转的速度会变得越来越慢呢？主要是因为地球的邻居——月亮对地球的引力。来自月球的引力形成了一种潮汐力，海水在这种潮汐力的作用下有规律地涨潮落潮，与地壳之间不断地摩擦，这种摩擦力就使得地球的自转越来越慢。但是这种摩擦力对于地球的自转来说，简直是太小了，所以地球自转的速度虽然一直在变慢，但是这变慢的速度也是非常非常慢。

地球会不会被我们压坏?

近些年，地球的人口数量每年都在增长，很多人担心将来的人口大爆炸会把地球给压坏了。这种观点一部分人表示赞成，毕竟越来越多的人口将增加地球的重量。但是事实是这样吗?

这些话简直是杞人忧天。大自然有自己的规律，即能量守恒定律。就是说能量既不会凭空产生，也不会凭空消失，它只会从一个形式转化为另一个形式，从一个物体转移到另一个物体，而能量的总量保持不变。能量守恒定律是自然界普遍的定律，把地球看作一个单独的系统来说，既不会无缘无故地多出物体，也不会有物体莫名地消失。

地球上的万物，不管是动物还是植物，都只是以不同的形式或者能量存在。例如海水每天都会被蒸发，但是同样每天地球都会有降雨或者降雪的发生，蒸发的海水变成雨或者雪的形式又回归到地球。再例如动物之间的食物链，新出生的蚊子被青蛙吃掉，青蛙被蛇吃掉，蛇再被田间的刺猬吃掉等，这些动物都不是凭空消失。

一种东西的增长或者长大也同时表明另一种东西的消失。大家发现了一种新能源，石油从地下被开采后，得到很多产品：沥青、石蜡、燃料油、柴油、煤油、汽油等物质。生活中离不开的各种塑料也是以石油为原材料加工制成的。这些产品都不是凭空出现的，它们都是由开采的石油提炼加工制成的，这些物品的出现，对于地球来说总量没有减少，只是换了不同种类的新的形式存在。

人口的增长和石油的开采情况一样。当人口出现增长时，很多物品或者食物消耗量会增加。这样地球总的质量还是稳定不变的。所以不可能出现人口的增长把地球压坏的事情。

近年来太空陨石的出现使很多人担心地球的总量得到增加。虽然每年增加的太空陨石会逐年加重地球的质量，影响地球的正常自身活动，但是，从地球散逸层出逃到外层空间去的物质，以及地球自身所含放射性元素裂变释放热能的质量的损耗，将会用来抵消外太空飞来的陨石的重量，所以地球总的质量也能保持不变。

地球真的有噪声吗？

噪声，现在很多人都已经习惯了它的存在了。可以说噪声已经越来越多地侵入到人类的生活当中了。从最开始农业社会的鸡鸣狗吠，到工业时代的机器轰鸣，再到现在的飞机、汽车等各种各样的设备运转。

可以说现在的噪声几乎无处不在，就算是在家里，冰箱、电脑、空调这些电器的运行无一不是噪声的来源。那么，你有没有想过地球是否有噪声呢？没错，地球本身就是一个噪声源，只不过这种噪声人类的耳朵是无法察觉的。那么地球的噪声是怎么产生的呢？我们一起来了解一下。

其实，很久之前科学家就发现了地球噪声的存在，这种声波只有极为敏感的地震仪才能够捕捉到。但是关于地球噪声的产生原因，目前还没有公认的说法。

早在六七十年前，就有科学家尝试记录地球噪声并研究这种噪声产生的原因，但是一直都没能拿出相关的成果。一直到近期有学者提出这可能是声音共振的结果。

还有一种观点认为地球噪声是能量转化的结果。这种观点认为海风把空气的动能转换为海浪的动能，之后海水的重力波又会引起地球的轻微震颤。地球发生震颤时就会发出噪声。

不过这些还都是一些推测，并没有经过严密的论证。要进一步揭开当中的秘密，还需要我们付出更多的努力。现在能够确定的是，地球确实是有噪声的，但是原因目前还没有定论。

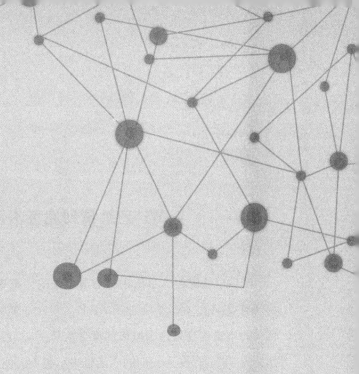

Chapter 07

日新月异的科技，
再次刷新我们的认知

Wi-Fi杀精到底可不可信？

Wi-Fi是现代人生活中绝对离不开的，家里有Wi-Fi，单位有Wi-Fi，商场有Wi-Fi，公交车上也有Wi-Fi。现在好多城市都已经实现了Wi-Fi全城覆盖，不论你身处这个城市的哪个角落，Wi-Fi总是会默默地陪伴在你的身边。Wi-Fi的存在为我们的生活带来了很大的便利，只要有它的地方，我们就再也不用担心流量的问题了。这也让我们对它产生了极强的依赖。

有人戏称现在对人最残酷的惩罚莫过于"拔其网线，断其Wi-Fi"，由此可见Wi-Fi对我们生活的影响有多深。但是几年前就有一种传言，说Wi-Fi会谋杀精子，一时间所有人都开始不淡定了，恨不得有多远就躲多远。但是躲开Wi-Fi显然是一件不可能的事情，于是人们就变得焦虑不安，惶惶不可终日。那么，这种担心真的有必要吗？我们一起来探明真相。

首先给大家一颗定心丸，关于Wi-Fi正在谋杀人类精子的说法完全就是个谣言，大可不必担心。那么，有道是无风不起浪，这种谣言到底是怎么来的呢？这种说法虽然在国内的各种媒体，尤其是在网上流传甚广，但是说到源头就都指向了一位阿根廷科学家的一项研究。

这位科学家征集了29位年轻男性志愿者，得到了他们的精液。然后把每个人的精液分作三份。一份放在连接着Wi-Fi的笔记本电脑旁边，距离笔记本电脑3厘米；一份则放得比较远；还有一份放在没有Wi-Fi的环境里。四个小时以后，离笔记本电脑近的29份精液当中有25%的精子没有了活动的迹象。而离得较远的精液当中停止活动的精子却只占14%，而在没有Wi-Fi环境里的精液则没有明显的变化。

后来这位科学家才弄明白出现这种现象的原因是笔记本电脑的散热效应。人类的精液对温度非常敏感，特别怕高温。离笔记本电脑越近，温度越高，精子的死亡率就越高。Wi-Fi杀精论的传播者显然是把后面的结论给省略了，只留下中间的过程，断章取义，就有了Wi-Fi杀精的谣言。

　　那么，抛开这个实验，怎么证明Wi-Fi不会谋杀我们的精子呢？我们从非电离性辐射说起。Wi-Fi和我们的手机使用的信号一样，都属于非电离性辐射。同样具有非电离性辐射的还包括我们经常用的电脑、电视、微波炉。当然，并不是说所有的非电离性辐射都对我们完全无害。国际非电离性辐射委员会制定的安全标准是每平方米10瓦。而Wi-Fi的辐射值却只有每平方米125毫瓦至每平方米2瓦，符合国际的安全标准，所以说Wi-Fi杀精就是个谣言，这种担心完全没有必要。

手机会使银行卡消磁是真是假？

为了生活便捷，我们有时会办理各种各样的卡，银行卡、公交卡、门禁卡。卡在为我们带来方便的同时也会存在一些问题，有时候你会发现，你的卡突然间就失灵了。例如，坐上公交车刷卡的时候才发现公交卡没反应了，或者上午存款时银行卡还能正常使用，下午取款时，发现卡不能用了。这时我们问身边人，他们会告知，银行卡和公交卡等很多卡都不能和手机放在一起，因为手机运行期间的电磁波会使卡消磁，需要重新去补办。难道手机真的会使卡消磁吗？

咱们的生活中所用的卡其中一种是IC卡，例如公交卡、小区门禁卡，或者很多储存功能的饭卡。这类卡一般是接触式智能卡或者非接触式智能卡。这类卡根本没有磁条，何来的消磁？它们存储信息的方式是把各种信息存储在半导体芯片上。如果售票员告诉你，你的IC卡被消磁了，无法使用，也不用以为真的是消磁，很多问题大家能正常使用，并不一定知道其工作原理。

银行卡基本都是磁卡，拿出所有的银行卡，你都会发现在卡的背面有黑色的条带。这些黑色的条带上细密的小点点就是磁性物质的小颗粒。磁性记录技术记录了我们银行账户显示的各种信息。如果去银行办理销卡业务，银行工作人员都会当面拿出剪刀把黑色的磁条位置剪成两段。

既然银行卡有磁条存在，那么手机真的不能和银行卡放在一起了吗？手机会让银行卡的磁条受到影响吗？手机在工作时由信号辐射所产生的是电场，而不是磁场。电场怎么可能会消磁？但是手机并不能完全避嫌，手机的扬声器和振动电机这些部件是带磁性的。

为了看看具体的结果，有人做了实验，把手机拆开，把银行卡磁条的位置紧贴扬声器和振动电机。结果显示银行卡并未被消磁，能正常使用。有人会担心，手机和银行卡短时间在一起没事，但是天天在一起，就会出现问题了吧？需要认清的是磁性物质是否被磁化只和磁场的强度有关，而不会和其他因素有关，弱磁场并不会随着时间的增加而变强。

虽然手机并不会影响到银行卡的正常使用，但是银行卡应该远离带有磁场的物品，如电磁炉、电视机、微波炉、冰箱等电器。这些电器的周围会有较高的磁场。而且银行卡还应避免摩擦、硬物刮伤、折断等因素，以免磁条部分破损。而公交卡等IC卡只要没有外力的折断和破损，就能正常使用。

充电器不充电也会耗电吗?

当手机刚刚进入我们的生活时,只是用来打电话和发短信的,偶尔玩个游戏也不过是俄罗斯方块之类的小游戏。相对而言,那时候我们每天使用手机的时间是非常短的。对于一些接打电话不是很多的人来说,手机充一次电使用两三天是很正常的事情。还有不少人一周只需给手机充一次电的,甚至有些电池容量比较大的手机,二十多天才充一次电。那时候我们都是在需要充电的时候才把充电器拿出来。

但是手机进入智能时代以后,随着功能的增加,人们使用手机的时间也越来越长。现在一天给手机充个两三次电都是很正常的事情了,还有很多人要随身带着一个超大容量的充电宝才能满足自己的需求。如果是在家里,很多人都会在经常充电的地方插着一个充电器,因为怕麻烦而从来不拔下来。但是这样的做法受到不少人的质疑,其中的一条理由就是充电器一直插着会比较费电。这种说法是真的吗?只不过是插着个充电器而已,没有电流被充进其他设备,怎么就耗费电了呢?让我们一起探秘其中的科学原理。

首先要明确的是,充电器一直插在插座上确实会耗费电。这一点是真实可信的。至于是为什么,我们先来弄明白充电器是怎么工作的。一般的充电器在给设备充电之前会有一个转换电压的过程,把插座端的较高的电压转化为适合需充电的电器使用的电压。这就需要在充电器的内部设置两个平行线圈,在充电的时候通过电磁的转换把高电压电流转换成低电压电流。

当充电器插在插座上的时候,就算是没有给电器充电也会有一个线圈是处于工作状态的。简单地说,只要把充电器插在插座上就会有电流通过线圈，就会形成电量的消耗。至于这个耗电量是多少，不同电器的充电器是不一样的。有人曾经用原装的苹果手机充电器做过实验，得到的结论是一年的耗电量大约是1.5度。当然非原装的要比原装的充电器的耗电量大一些，但是也不会大得离谱。不过如果所有人都养成这样的习惯的话，那全国每年因此而消耗的电量就非常惊人了。

对于个人来说，这么做还有一个更大的坏处是安全隐患。所有的充电器都会有一个连续通电总时间的参数，如果充电器长时间处于通电状态，必然会加快它的老化速度，大大缩短它的使用寿命，同时大大增加安全隐患。所以充电器在不用的时候一定要记得从插座上拔下来。

打电话时听到自己的回声是怎么回事?

我们在很早的时候就从课本里认识了回声。如果要想清晰地听到自己的回声就必须有一个障碍物把自己的声波给反射回来。而且这个障碍物跟我们之间的距离要超过17米才行，否则因为回声和原声的间隔时间少于0.1秒，我们根本就没办法清楚区分两者。

那么问题来了，我们很多人在打电话的时候都曾经听到过自己的回声，特别是在电话刚刚普及的时候，这种情况更是经常出现。这又是因为什么呢? 一部小小的手机里面可是没有那么大的空间的，怎么会清晰地听到自己的回声呢? 让我们一起来揭秘。

打电话时能听到自己的回声的现象是有规律的，那就是通常我们在接打市话的时候很少会出现回声的现象，而在接打省际或者国际长途的时候听到回声的概率就会高很多。从中也可以看出来，电话里出现回声不是取决于电话或者手机的大小，而是跟信号传播的距离有关。

之所以我们在接打市话的时候不太会听到自己的回声，那是因为信号传播的距离太短了，回声和原声之间的间隔过于短暂，我们的耳朵根本就无法区分出来。要知道，我们现实当中听到回声的的最小距离，是按照声音在空气当中的传播速度来计算的。但是电话和手机的信号传播速度要比声音在空气中的传播速度快得多，我们在电话中要想区分原声和回声的话，这个距离就得非常远才行。

所以只有当我们在接打国际长途或者是卫星电话的时候，才会经常遇到这样的情况。不过，那都是好几年前的事情了，随着技术的不断进步，手机已经具备抑制回声和消除回声的功能，现在我们在接打电话的时候基本上不太可能会遇上这样的情况。

我们会被机器人替代吗？

人工智能现在是一个炙手可热的话题，代表了未来科技发展的方向，也是很多世界级的企业巨头发力的方向。机器人的发展越来越快，但是自从那个叫作阿尔法狗的机器人以4：1的绝对优势战胜围棋高手李世石开始，有不少人就开始变喜为忧了。

以前人们只知道作为一个高科技的工具，机器人是个非常不错的助手。但是现在看来这么聪明的机器人，又有钢铁不易坏的身体，不管是在智商还是在身体素质上，我们人类简直就没法比，这样假以时日它们恐怕就会彻底战胜并替代我们，弄不好我们还会成为这些钢铁机器的奴隶。

其实这种担心，并不是最近几年才有的，早些年在西方的影视剧当中就出现过机器人造反奴役人类的桥段，只不过现在人工智能快速发展，使得有这种担心的人更加坚信这一点而已。那么，我们不遗余力研制出来的机器人真的可能替代并奴役我们吗？我们一起来揭晓答案。

开门见山给出答案，虽然机器人在逻辑运算方面的优势是我们人类所无法比拟的，但是作为人工智能的机器人却不会完全取代人类，我们更不会被人工智能所奴役。原因就是，跟我们人类的大脑比较起来，人工智能机器人具有几个天生的缺陷，而这些缺陷单靠超级运算能力是无法弥补的。

相对于人类的大脑来说，人工智能的优势是在超级运算能力基础上的超强数据处理能力和深度学习能力。这种每秒数千万亿次的运算速度是我们人类根本就无法想象的。但是这种能力也只是用来在短时间内处理大量的数据，而在因地制宜制订计划，对具体的情况进行分析得出结论这些人类可以轻松做到的事情上，以机器人的智力是做不到的。

根本原因就是人类是有意识的，但是人工智能却没有。这就等于说，意识是人类大脑和人工智能之间不可跨越的鸿沟，而且单靠超级运算能力是不可能填补意识的缺陷的，所以人工智能取代人类的可能性就不存在了。

另外，人工智能只是在既定的程序下进行运算而已。既没有感情也没有欲望，没有感情和欲望，就不会有动机，它不过是在按照既定的算法进行运算，完全没有自己的好恶，自然也不会为了自己的利益而主动替代和奴役人类。

所以说，因为没有意识，所以人工智能没有取代并奴役人类的能力。而因为没有感情和欲望，人工智能就不会有主动替代或奴役人类的动机。既没有动机又没有能力，那些关于人工智能机器人会替代并奴役人类的担心就是完全多余的了。

信号不好时大点声管用吗？

当我们在聊天的时候，如果对方表示听不太清楚，我们都会不自觉地提高说话的音量。这样一来，别人就能听得清楚了。于是很多人在打电话的时候也会本能地选择这种方式，只要感觉听筒里的声音不是很清楚就会很大声地说话。于是，在不少公共场合总有扯着嗓子使劲喊着打电话的人，让身边的人不堪其扰。那么，他这么做真的能让对方听得更加清楚吗？我们一起来看看事实到底如何。

实际上，自己一味地提高音量并不能使得电话那边的人听得更加清楚。因为打电话和面对面聊天不同，面对面聊天，我们的声音是通过空气传播的，这时候音量越高，声波的强度就越大，传到对方耳朵里的声音就会越清晰。但是手机和电话是通过声波和电磁波的转换来实现声音的传播的。

没错，如果是适当提高自己的音量的话，就会适当增大送话器中振动薄膜的声压，从而使得话音电流变强，确实可以使得对方听得更加清楚一些。但是这只有话音电流在正常送话范围内的时候才行，一旦音量过高，使得这个话音电流超出了正常的送话范围，不光不能使对方听得更加清楚，还会导致信号在传输过程中发生变形。这样一来，对方听到的声音就会失真，不光听到的音量没有变大，还会变得模糊不清。

所以，下次再打电话的时候，如果对方听不清楚的话，最好的办法是找一个信号好且比较安静的环境，你可以适当提高自己的音量，但绝对不能大吼大叫，这样不光不能让对方听清楚，还会给身边的人带来困扰。

当我们关掉电脑时，为什么时钟不会停下？

我们都知道要想让钟表指示正确的时间，就得给它提供源源不断的动力。比如说机械表，你得记住定期上发条；如果是电子钟表，那你就要定期给它换电池。如果你不小心忘记了这些，那么它们就会停止工作。你就不得不重新上满发条或换好电池之后再把它拨到正确的位置才行。但是自从我们普遍使用电脑以来，就发现我们在关掉电脑，甚至拔掉电源，把电脑挪到另外一个地方之后，再重新打开电脑，电脑上的时间还是准确的。那么我们断电的这段时间内电脑上的钟表是怎么运行的呢？难道它真的不需要动力支持吗？

原来事情的真相是：跟所有的钟表一样，我们电脑上的钟表要想准确指示时间也离不开持续的动力支持。如果动力支持一旦中断，跟其他的钟表停在动力耗尽时的位置上不同，下次再重启的时候，我们电脑上的钟表会把时间自动设置为它的出厂时间。

那么为什么在电脑断电的时候钟表还能保持不间断地运行呢？那是因为电脑的钟表还有一个备用的供电设备，这块负责电脑断电时为钟表提供电力的镍镉电池就在电脑的主机板上，所以它也被叫作主机电板，这是一块正常电压为3.6V的可以充电的镍镉电池。

当电脑开机工作时，电脑的主机电源会向钟表提供电力并为主机电板充电。一旦电脑关机断电，就由主机电板接替供电以保持钟表的正常运行。但是由于主机电板所存电量有限，一旦电脑断电的时间过长，比如说超过了三个月，就会导致主机电板的储存电量耗尽，这时候电脑里的钟表就会停止运行，再次开机之后，就不得不重新校准时间了。而且，如果真的是等到主机电板的电量完全耗尽的话，恐怕就连正常的开机都无法做到了，要想启动电脑你得想想其他办法才行。

大声打电话会不会更费电？

著名相声演员冯巩曾经有一句经典台词：你说话大点声，不费电。但是自从我们广泛使用手机，特别是当人们初步了解了手机的信号传播是在声波和电磁波的互相转换中完成的之后，有人就开始担心说话声音大会耗费更多的电量。持这种观点的人认为，电话的声音要想传给对方，就得先把声波的振动转换成电能，然后再把电能变成电磁波传送出去。声音变大了，振动波就会变大，那么需要转化的电能自然就会跟着变大了。这样耗费的电量岂不是更多了吗？听起来是这么回事，那么，这种观点真的靠得住吗？让我们一起去找出真相。

首先要说的是，对于打电话的人来说，只要打电话的时间固定，不管你说话的音量大小，所耗费的电量都是一样多的。也就是说，说话越大声就越费电的说法其实是不靠谱的。我们讲电话的声音在被转化成电波的时候，并不是要转化成跟声波一样强弱的电波。因为这些跟声波相近的电波属于低频，低频电波不仅能量耗费大，还不适合信号的传输，所以一定要把这些低频信号通过一些技术手段变成高频信号。

我们现在采用的高频信号基本上都是数字信号。简单说，就是我们的声波振动经过一系列的处理之后会变成一组组的二进制数字编码，就是由0和1组成的数字编码。而在传播的过程中，不管是0还是1，所耗费的能量都是一样的。所以，不管在打电话的时候你说话的声音是大还是小，所耗费的电量都是一样的。

不过需要说明的是，这种情况只适用于信号传播出去的时候，也就是说只对于打电话的人来说是适用的。但是对于接听电话的人来说，如果对方说话的声音很大，你这边为了转化成比较大声的语音信号，就不得不多耗费一些电能。所以，这个事情的真相就是，你说话大声，接电话的人就得多费电。反之也是一样，如果对方的声音大，你耗费的电量就多一些。

把熟鸡蛋变回生鸡蛋，你敢相信吗？

要把一个生鸡蛋变成熟鸡蛋，是一件非常简单的事情。就算一个没有任何烹饪经验的人也明白，只要把生鸡蛋放在开水里煮上几分钟就可以了。但是如果要把一个熟鸡蛋重新变回生鸡蛋呢？这就不是简单与复杂的事情了，很多人都会觉得这简直就是在胡说八道。这种事情怎么可能发生？

但是很多人都觉得不可能发生的事情，却真的被我们的科学家们给变成了现实。难道这是真的吗？科学家们是怎么做到的呢？我们一起看看科学家们把熟鸡蛋变回生鸡蛋这中间有着什么样的科学原理。

首先要确认的一件事就是，把熟鸡蛋再变回生鸡蛋这种事情确实是存在的。那么，要了解这当中包含了什么样的科学原理，我们就先来看看生鸡蛋是怎么变成熟鸡蛋的，或者说，在生鸡蛋变成熟鸡蛋的过程当中，鸡蛋的内部到底发生了什么？

原来，在鸡蛋被煮熟的过程当中，在沸水的热量和其他化学反应的催化下，促使鸡蛋蛋白中的"溶菌酶"由原来的透明液体状态慢慢凝固，然后生成一种新的化学结构。这种新的化学结构建立完成之后，鸡蛋的蛋清就变成了白色的固体状，鸡蛋就变熟了。科学家把熟鸡蛋再变回生鸡蛋其实就是运用技术手段，让这种新生的化学结构重新复原到溶菌酶时的状态。

他们的大致做法是在已经凝固的蛋白质当中打入尿素，然后再通过一个叫作涡旋流体的设备给凝固的蛋白质施加外力。这样一来，就会使得原本已经凝固的蛋白质的结构被打乱，固态的蛋白质重新变回液体状态。这样看来，熟鸡蛋就好像重新变回生鸡蛋一样。虽然，我们用简单的语言来介绍整个过程，看起来并不是很难，但是科学家们却是为此付出了长时间的艰辛努力才做到的。这种新技术也会给我们的生活带来很大的影响。

为什么电脑没有A盘和B盘？

看看我们现在使用的电脑，我们早就已经习惯于电脑现在的这个分区了。我们知道最前面的那个区叫作C盘，很多时候又会被叫作系统盘，因为我们绝大多数人的电脑系统和软件都会安装在这里。然后再有一个区会被叫作D盘，这里可能会有一些后期安装的程序和软件等。有的电脑中还会有E盘、F盘，如果你给电脑插上几个U盘或者是移动硬盘之类的外接储备装置，那么你就有可能会看到H盘、I盘等等。但是你永远不会看到A盘和B盘，这是为什么呢？我们的A盘和B盘哪里去了？要想知道事情的真相，就让我们一起来探索。

没错，现在的电脑上你的确没办法看到A盘和B盘。但是这并不是说从一开始这两个盘符就是不存在的。相反，最初的电脑上只有A盘和B盘，我们所熟悉的C盘、D盘统统都没有。只不过后来由于电脑存储技术的发展，A盘和B盘退出了历史舞台，只留下空着的A和B两个盘符证明它们曾经存在过。

原来，最早经由IBM推出的第一台个人电脑，只有16K字节的内存，这么小的内存是我们现在根本无法想象的。之所以那时候的电脑的内存会那么小，是因为电脑上根本就没有硬盘和光驱。那时候的应用程序和文件都被保存在一个叫软盘的存储设备上，电脑的启动也主要依靠软盘的驱动。所以那时候的电脑通常情况下会有两个软驱，这就是我们现在看不到的A盘和B盘的所在。其中A盘代表3.5英寸软驱，而B盘则代表着5.25英寸的软驱。

当后来硬盘出现的时候，就习惯性地排在了A盘和B盘的后面，叫作C

盘。从MS-DOS 5.0开始，就强制性地把主硬盘、主分区叫作C盘。然后这一惯例就被后来的Windows继承了下来，所以之后不管是硬盘有多个分区还是安装了多个硬盘都只能在C盘后面依次顺延。虽然现在我们的电脑上早就看不到软驱的影子了，但是A和B这两个谁也不敢占用的盘符证明了它们在个人电脑发展史上的地位。

让自己瞬间消失的"隐身术"

在神话故事里，隐身术是一个让我们很是向往的幻术。但是我们都知道那些法术只能存在于神话故事，现实生活中我们没地方去学这神奇的东西。不过人们想要隐身的愿望一直都没有停止过，既然我们无法直接去学隐身术，人们就把隐身的愿望寄托在不断发展的科学技术上，希望有朝一日我们能够借助科学实现隐身的梦想，比如一款高科技产品——隐身衣。那么你认为人们真的能够借助隐身衣实现隐身吗？到底有没有可能，我们一起来看看。

隐身并不是瞬间位移，不是说人一瞬间就不在原来的地方了，而是指人还是站在原地，只不过是看起来不在那里而已。说白了，隐身其实就是一种视觉伪装，就是欺骗了眼睛而已。人之所以能够看到物体，就是因为物体反射的光线被人类的视觉系统所接收的结果。如果有一种技术能够吸收照射到身上的光线，不让这些光线产生反射，或者用深背景物体对光线的反射来覆盖人体对光线的反射，那在某种程度上看起来人就像是隐身了一样。

我们来看看这些年科学家在这方面取得的成果。2004年有一位日本的科学家发明了一种能够让人从别人的视野中迅速消失的"隐身衣"。他的这种隐身衣其实就是在衣服上装上密密麻麻的微型摄像机。所有的微型摄像机启动的时候，后面的摄像机拍摄人身体后面的背景的所有细节，并把这些背景呈现在人身体的前面。同样的原理，身体前面的微型摄像机会将前面的背景拍摄下来呈现在身体的后面。

因为这件衣服上的每个方向都有这种微型摄像机，这样一来，人就像是被周边的背景做了360度无死角的覆盖，不管从哪个角度看过去，人们看到的都是这个"隐身者"后面的背景。这样看起来，跟真正的隐身也没有什么太大的区别。

2006年，来自俄罗斯的加多姆斯基教授使用一种叫作黄金胶体粒子的材料制成一件能够让静置的物体实现隐身的"隐身衣"。近来，又有加拿大的一家生物公司，利用一种特殊的材料制造出新的隐身衣。这种隐身衣的原理是吸收特定的光线，使得人体接收到的反射光线变得极其微弱，让我们的眼睛察觉不到这种反射的存在。不过，目前这种技术尚在不断地研究和完善当中。

以上这些基于科学技术之上的隐身衣，有的看起来跟我们想象的隐身衣有些不太像，有些还存在着这样那样的缺陷，但是随着技术的不断发展，相信人类依靠高科技的隐身衣实现隐身也并不是不可能的事。

为什么键盘上的字母不按顺序排列？

电脑是我们现在办公离不开的重要工具，其中键盘更是我们最为熟悉的部件了。对于键盘，我们从来都是拿来就用，上面的按键布局早就已经烂熟于心了，很多人甚至在输入的时候只要盯着屏幕看就可以了。但是，你有没有注意到键盘上的字母排列顺序非常奇怪，至少它们没有按照英文的前后顺序排列。你有没有想过它们为什么会这么排列呢？如果把这些字母按照顺序排列使用起来岂不是更方便吗？事情的真相到底如何，我们一起来了解一下。

原来呀，在最开始的时候这些字母在键盘上的排列顺序确实是按照26个字母在英文中的先后顺序排列的，设计者这么做就是为了照顾大家的使用习惯，这样的排列顺序可以最大限度地提高输入者的打字速度。后来的事实也证明了这一点，这样的设计确实让使用者感到很满意。

但是很快公司就收到了很多用户的投诉。投诉的问题很集中，就是打字的速度太快，快到按键来不及弹回正常位置，于是就会经常造成卡键。为了解决卡键的问题，设计者们可谓绞尽了脑汁，尝试了很多方法效果都不是很理想。一直到后来一个叫克里斯托夫·拉森·授斯的人脑洞大开想出了一个不算办法的办法。

这个办法就是把原来的字母排列顺序彻底打乱，然后根据每个字母的使用频率重新排列。重新排列的原则就是把使用频率最高的字母放在最不灵活的几个手指下面，而最灵活的手指比如食指下面放的则是使用频率最低的字母，比如"V、J、U"等。这么做的目的只有一个，既然暂时无法彻底解决按键回弹慢的问题，索性就想办法降低大家的输入速度。只要大家打字的速度慢下来，按键回弹慢一点也就不是什么大问题了。

原本只是一个权宜之计，但是结果却出乎很多人的意料，这种办法竟然得到了使用者的一致好评。到后来由于制作材料和制造工艺不断发展，按键回弹的问题也已经得到了很好的解决，但是键盘上的这种字母排列顺序却再没有恢复到原来的样子。这倒不是设计师偷懒，而是人们已经完全接受了这种键盘布局。其间设计师也曾尝试过其他更加合理的字母排列顺序，但是始终无法对抗人们的习惯而无法得到推广。所以，直到今天我们仍然在使用这种既难记忆又难熟练的字母排列顺序的键盘。

恐龙再生到底可不可行？

在地球的生命发展史上，恐龙绝对是一个绕不开的存在。在1.4亿年前的地球上，它们是独一无二的霸主。这个种类繁多、体形和习性差别巨大的生物统治了整个地球长达8000万年之久。这当中体形最大的恐龙长达50多米，而体形最小的还不到10厘米。它们中有些是荤素不忌的杂食主义者，有些是温驯的素食主义者，当然也不缺凶狠残暴的肉食主义者。

但是，长期在地球称霸的恐龙却在6500万年之前从地球上集体消失。现在的我们只能从各种化石中寻找它们的踪迹。现在随着生命科学的不断发展，尤其是基因和克隆技术出现后，很多科学家都希望能够利用从蚊虫的血液中提取的恐龙DNA片段来复活恐龙。那么，你觉得这种想法有实现的可能吗？我们一起来揭晓答案。

事情的真相是，以目前的技术来看，科学家们想要通过DNA克隆技术来复活恐龙的想法是没有可行性的。根本原因就是恐龙的灭绝距离现在已经经过了6500万年的时间了，而DNA的主要成分脱氧核糖核酸在生物死亡之后就会开始分解。再加上在这么漫长的时间内来自阳光和细菌的破坏，现在已经不可能发现完整的恐龙的DNA片段了。

事实上也真是这样，到目前为止，人们还没发现过真正的属于恐龙的DNA，就算是以后有可能发现，也很有可能已经遭受了污染。所以，DNA克隆技术只能用来复活近期才灭绝的动物，那些早在6500万年之前就已经灭绝了的恐龙，以现在的科学技术水平来看，是无法复活的。

防辐射服到底能不能防辐射？

生活在智能电器时代的我们，生活中总是离不开各种各样的电器。而这些电器在工作的时候或多或少都会产生一些电磁辐射，可以说我们是完全生活在被各种辐射包围的环境之下。这样一来就不由得我们不担心了，普通人还好一些，觉得成年人抵抗力强，轻微的辐射不会对自己的健康造成太大的影响。

但是对于一些特殊群体来说，可就不一样了，特别是孕妇和孩子，于是市面上就出现了很多据说能够抵挡辐射的防辐射服。不少孕妇以为穿上了这么一件防辐射的马甲可以放心大胆地坐在电脑前一整天。那么这种做法真的可取吗？这种防辐射服真的能够完全抵挡生活中的辐射吗？让我们一起来揭晓答案。

首先要确定的是，这种依靠防辐射服来抵挡生活中的辐射的做法是靠不住的。这倒不是说这种防辐射服的制作材料靠不住，根本挡不住辐射。早在防辐射服刚上市的时候就有人做过测试，最简单的测试方法就是把手机放在防辐射服的口袋里。我们知道我们的手机信号就是一种辐射，如果防辐射的材料真的挡不住电磁辐射的话，装在口袋里的手机就可以接收到信号。

很多次测试的结果显示，防辐射服确实可以帮我们遮挡九成的辐射，这么说来效果还是不错的。那么为什么还要说靠防辐射服来抵挡生活中的辐射的做法靠不住呢？主要是因为生活中辐射的来源是非常复杂的。基本上只要有电器的地方就会有辐射，这些辐射的方向也可以说是全方位的。

在这样的环境里，如果是像宇航员那样穿着封闭性特别好的防辐射服，电磁辐射找不到任何可以作用于人身体的漏洞的话，那这件事就是比较靠谱的。但是实际上并不是这样，防辐射服的透气性和散热性并不好，所以防辐射服都是马甲、半袖的样式。这样一来，就只能遮挡住一部分的辐射。

我们再来看一下电磁辐射的原理，如果电磁辐射直接照射到我们身上的话，我们确实会吸收掉这当中的一小部分，不过绝大部分的辐射都会被反射回去。但是如果是穿了防辐射服的话，情况可就不同了。那些从防辐射服的边角照射在我们身上的辐射再被反射出去时，却会被防辐射服给挡回来。辐射会在身体和防辐射服之间来回反射，这个过程中辐射的强度会越来越大，最后被我们所吸收。

可以说，因为防辐射服并不能提供全方位的遮挡，所以当我们不穿防辐射服的时候，我们会吸收很小一部分比较弱的辐射，但是当我们穿上防辐射服的时候，我们就得吸收更多更强的辐射了。所以说，靠穿防辐射服来让自己远离辐射的做法不太靠谱。

时空穿越真的有可能实现吗？

穿越桥段可以说得上是前几年影视界的超级VIP，一时间美剧、韩剧、国产剧，各种花式穿越精彩纷呈。有跳楼穿越的、摔倒穿越的、手握着文物穿越的、撞墙穿越的和摸电门穿越的，各路导演可谓脑洞大开，不仅有完全听天由命的随机性穿越，更有目标精准的定点穿越。

对于这些事我们一向都是一笑而过，但是有些颇具高科技范儿的科幻穿越剧，他们往往以相对论为依据让人觉得穿越也许在明天就会实现。那么，对于这件事你怎么看呢？你相信人类有朝一日可以在时间的长河中随意游走吗？

穿越到底有没有可能实现呢？如果要用科学的原理回答这个问题就必须从爱因斯坦的相对论开始说起。首先，爱因斯坦的相对论当中有一个观点，认为人类空间穿越在理论上是有可能的，只要满足一个条件就行，这个条件就是人的移动速度要超过光速。

人类的身体显然是不可能承受得住这样的速度的。所以，就需要借助一种运动速度超过光速的飞行器。但是问题的死结就在这里，爱因斯坦还有一个看起来有些矛盾的观点，那就是任何物体的运动速度都不可能超过光速。意思很明显，就是说爱因斯坦认为全宇宙中只有光的传播速度是最快的，没有被超越的可能。

这样一来，在爱因斯坦的相对论中就形成了一个逻辑死结，他说只要超过了光速就在理论上具备了时空穿越的可能，但是光速又是不可能被超越的。这就等于他自己否定了人类穿越时空的可能性。那么，是不是就此就可以说人们就没有穿越时空的可能性了呢?

　　也不一定，最起码斯蒂芬·霍金就认为有可能。霍金认为人类的时光之旅在理论上是完全有可能的。但是霍金认为，时间机器只能把我们带到未来的世界，而不可能让我们回到过去，这一点是基于他的四维空间理论得出的。

　　所以，人类到底有没有可能实现空间穿越，从爱因斯坦的相对论看来，是没有这种可能性的。但是科学一直在不停地进步，科学理论也一直在不断地颠覆和创新中前进。在未来的科学理论中，人类是不是具有在时空中游走的可能性，现在谁也说不好。

3D打印可以解决器官稀缺的问题吗？

生老病死是谁都躲不过去的事情，这主要是因为我们的身体不像机器一样。机器中哪个零件出了问题，小毛病就简单修理一下，要是问题非常严重的话，大不了重新换一个零件就好了。但是人体就不一样了，不管是哪里出了问题，都得以治疗为主，不可能像机器的零部件一样说换就换。这一是因为人体的构造过于复杂，换器官可不是一件容易的事情；还有一个更重要的原因就是，器官的来源非常紧缺，目前来说，我们只能依靠那些器官捐献者来获得健康的人体器官。

但是最近几年出现了一个特别霸气的技术叫作3D打印，这种技术据说已经在珠宝、鞋子、工业设计、工程建筑、汽车制造、航空航天和医疗领域都有了广泛的应用，真可以说得上无所不能了。简单说，就是只要你有合适的制造材料和数字模型，3D打印机就可以给你打印出很多不可思议的东西来。

于是就有人产生一个大胆的想法，这么牛气的3D打印技术能不能为我们打印新的器官呢？关于用3D打印制造人体器官你敢相信吗？我们来看看到底有没有可能。

开门见山地说，按照3D打印技术的原理，只要有合格的制作材料和正确的数字模型，用3D打印技术来打印人体器官也并不是什么困难的事情。这项神奇的打印技术目前已经做出了很多让我们惊奇不已的事情。

有人用它来打印煎饼，还有人用它来打印大楼。而且这些事情都已经成了现实。虽然目前来说用3D打印技术打印出来的煎饼在口味上与我们手工制作的煎饼还有一定的差距，但是在效率和美观上可是占据了大大的优势。尤其是采用3D技术打印出来的大楼，其牢固程度丝毫不逊色于人工建造的大楼，而且在环保和成本方面也有着传统方式无法比拟的优势。

使用3D打印技术基本上不会出现废弃物，在材料和人力方面的成本可以节约百分之九十。那么这么牛的技术，是不是可以用来打印人体器官呢？科学家们早就想到了，而且已经做了大量的实验。从理论上来说，用3D打印技术来打印人体器官是非常有可能的，而且目前在这方面已经取得了一定的成效。

前不久，美国的一家科技公司就利用他们研发的人体组织3D打印机在数字三维模型的驱动下，成功打印出了人体器官，并且完成了3D打印心脏在猪身上的置换手术，这在世界上属于首创。

这家公司的CEO表示，在未来的五年内，公司的重要方向将会从研发转向临床应用。但是目前仍然有些问题需要解决，那就是他们需要进一步完善用来打印人体器官的生物打印油。

虽然这种方法现在还处于科研阶段，但是却向我们展示了这种设想的可能性，我们完全有理由相信在不远的未来，我们再也不用为器官的来源而担心了。

星际移民真的可以变成现实吗？

随着地球上人口数量越来越多，资源的枯竭和环境污染的问题变得亟待解决。我们在竭尽全力开发清洁新能源的同时有人提出一个听起来还不错的设想，那就是当地球的能源枯竭或者是环境已经不适合人类生存的时候，我们就可以集体搬家，搬到另外一个适合人类居住的星球上去，彻底抛弃这个被糟蹋得不成样子的地球，这就是我们通常说的星际移民。这个想法听起来是不是还不错，反正到时候搬走就是了，再也不用担心能源和环境的问题了。可是，这样的设想真的有可能实现吗？我们一起来看看，答案到底如何。

说答案前我们先来看看要实现星际移民的想法需要满足的两个条件。第一个就是我们要找到一个跟地球的环境相似，适合人类生存的星球。这样的星球真的存在吗？答案是肯定的，最起码有些星球在理论上看来是人类有可能生存的，比如说位于开普勒太阳系内的一颗行星。开普勒太阳系距离我们4900光年，其中有两颗恒星相互围绕运行，在它们的周围还有两颗行星绕行，我们所说的那颗有可能适合人类居住的行星就在这两颗行星当中。除此之外，科学家们在开普勒太阳系内发现多颗可能存在液态水的类地行星。在理论上来说，这些类地行星都有可能适合人类的生存。

那么我们再来看看它们到地球的距离。其中开普勒-11距离地球2000光年，开普勒-22b距离地球600光年，开普勒186行星距离地球492光年，GJ667Cc行星距离地球22光年。这么遥远的距离是我们想都不敢想的。那么还有没有距离更近的呢？被称为超级地球的格利泽581d行星是我们发现的太阳系之外第一颗适合人类居住的行星，它距离地球22光年。

那么目前我们最快的航天器的速度是多少？时速大约是每小时50855千米。用这样的速度走到超级地球，需要多长的时间？粗算起来也得需要几百万年，这对于人类的寿命来说简直就是不可能承受的时间跨度。那么，在不远的未来我们制造的航天器的速度会不会变得更快呢？

我们制造的航天器能飞出接近光的速度，这就是我们要实现星际移民必须具备的第二个条件。而在爱因斯坦的相对论里，这是不可能的事情。所以，从目前的科技水平来说，星际移民只能是一个美丽的梦想，不具备实现的可能性。除非有一天我们能够突破爱因斯坦相对论的限制，制造出接近光速的航天器。

地球会变得越来越冷吗？

相信所有关注过地球气候变化的人都听说过全球变暖的说法，这种说法认为全球性的气候变暖主要是因为人类过度焚烧化石燃料，产生大量的二氧化碳。二氧化碳能够大量吸收太阳光当中的红外线，结果导致地球的温度不断上升，所以又被叫作温室效应。长此以往，越来越高的气温不仅使得全球的降水量会重新分配，还会使地球两极的巨大冰川慢慢融化，海平面上升，并因此引起一系列的自然灾害。

现在这种观点在人们的头脑里已经根深蒂固了，没有人会怀疑它的正确性。但是近来又有人说，将来的地球不仅不会变得越来越热，相反还会变得越来越冷。这种说法是真的吗？其背后有没有什么科学依据呢？我们一起来揭晓答案。

首先需要明确的一点是，说地球会越来越冷的人并不是要否定温室效应。他们之所以会有这样的观点是基于太阳活动的变化。我们都知道地球上的热量主要来自太阳，太阳活动的变化自然也会影响到地球上的温度变化。持这种观点的科学家通过对太阳活动的长期观察和研究发现，现在的太阳活动已经有种种减弱的征兆了。

他们认为太阳活动在经历过"巅峰"状态之后，很快就会进入新的低潮期。南安普敦大学和卢瑟福·阿普尔顿实验室教授洛克伍德曾说，新的太阳活动低潮期也就是太阳活动极小期可能会在未来的100年到200年当中出现，而它的长度和强度现在还很难预测。但是可以肯定的是一旦真的进入太阳活动的极小期，受它的影响，地球的温度将会变低。另外由于现在环保意识的不断提高，随着人工造林面积的不断扩大和各种清洁新能源的不断发展，我们有理由相信，在不远的将来，地球上的温室效应很有可能会得到有效的缓解。

综合上面的两大因素来看，说地球将来会变得越来越冷也不是完全不可能的事情，至于说会冷到什么程度，那就要看太阳活动极小期的长度和强度如何了。

用机器制造食物可能实现吗?

谁都知道民以食为天，不管社会文明和科学技术发展到多么高的程度，都得首先解决吃饭的问题。而我们的食物来源一直都是依赖于农业，那些长在地里的庄稼和养在栏里的牲畜就是我们的食物来源。所以，农业从来都是一个国家的立国之本。但是，如果有人告诉你，在不远的将来所有国家的农业都会消失，你会相信吗？如果没有了农业的存在，我们又该从哪里找吃的呢？下面我们将揭晓答案。

在给出最后的结论之前，我们先了解做出这种预测的科学依据是什么。之所以有人会觉得我们在未来将不会再依赖农业提供食材，是因为他们把庄稼和牲畜看作是"生物机器"。这些生物机器把一些原料变成我们生存所必需的碳水化合物和蛋白质，只不过这个过程是利用这些植物或者动物的生物手段来完成的。

那么有没有可能用工业的方式来完成这个过程呢？科学家的设想是用纳米机器来替代庄稼和牲畜这些生物机器。如果我们能够成功制造出纳米机器，就能精准地按照人类的营养需求制造出各种食物。科学家们认为，有了这个纳米机器，农民就再也不需要为怎么种好庄稼和养好牲畜等问题而头疼，也不用再为此而劳累了。

纳米机器可以根据人类对营养的需求从控制分子开始直接制造出成品的食物。比如，如果谁想吃烤鸭了，纳米机器就会自动将烤鸭中所包含的分子组合在一起，并做出烤鸭的口味，这样就直接跳过了食材的环节。

如果真能这样，我们一直赖以生存的农业也就失去了存在的价值，大片的农田就可以变成自然公园。但是，现在来说这不过是一种科学设想而已，想把这种设想变成现实，我们还有很长的路要走。尽管难度非常大，不过从科学理论上来说也不是不可能的事情。

未来生孩子可以"私人定制"吗？

随着产品生产的多样化，我们的选择也越来越多了。在不少的领域我们完全可以做到按需生产，也就是我们经常说的"私人定制"。你想要一件什么样的商品，完全可以提前提出自己的要求，然后再由供货方按照你的需求为你提供符合你的要求的产品。

最简单的，比如你想吃一个冰激凌就会有各种造型和口味供你挑选，你可以根据你的喜好随意搭配。然后就可以等着心仪的冰激凌递到你的手上了。当然，这只是最简单的，其他的私人定制也是不胜枚举。如果不想做饭也不想去饭店，那就可以私人定制一位厨师，让他带着食材上门制做；普通的家具感觉不够顺眼，也没关系，你可以请设计师上门，根据你房间的尺寸、风格要求私人定制一套。

如果上面的情况你感觉都还可以接受的话，要是有人告诉你，孩子也可以私人定制一个，你觉得这会有实现的可能吗？我们来看看这种设想背后的科学真相。

这种想法的出现，有一个前沿科学技术作为基础，这就是基因技术的成熟和应用。当基因技术刚刚成熟的时候，主要是被科学家们用来治疗各种遗传疾病。后来科学家有了把这项技术应用到优生领域的设想。

这种技术主要应用在试管婴儿上面，当准爸爸和准妈妈做好准备以后，医生会从准妈妈的体内取出多个卵细胞与准爸爸的精子结合。然后绘制出受精卵的基因图谱，并据此来识别宝宝未来的长相和性格。最后由准爸爸和准妈妈选择一个最满意的受精卵作为自己将来的宝宝。而那些没有被选中的宝宝就会被医生处理掉。

那么这种情况到底有没有可能出现呢？如果单独从技术层面来分析的话，这种设想在不远的将来完全有实现的可能。但是这毕竟涉及人类和生命，它所要面对的社会道德和法律的阻力，要远远大于技术上的困难。所以说，虽然在技术上"私人定制"宝宝完全具备实现的可能，但是最终能不能变成现实，还真的是个未知数。